초3 문해력이
평생 공부습관
만든다

★★★ 글쓰기로 완성하는 우리 아이 공부머리 ★★★

초3 문해력이 평생 공부습관 만든다

임영수 지음

청림Life

해독과 독해 사이

"초등학교에 들어가기 전에 한글 학습지를 시켜야 할까요?"

"우리 아이만 한글을 모르는 건 아닐까요?"

"받침 없는 글자는 읽고 쓰는데 받침 있는 글자는 힘들어해요."

"한글을 못 떼고 학교에 보내야 해서 너무 걱정이 돼요."

아이의 초등학교 입학을 앞둔 부모라면 한 번쯤 고민해봤을 겁니다. 기초 문해력은 수학적 기초 연산 능력이나 알파벳 같은 영어 문해력만큼이나 중요한 문제입니다. 1학년이 돼 수학 교과나 다른 통합 교과서를 이해하기 위해서라도 기초 문해력은 필수적이지요. 요즘 1학년 국어 교과서를 보면 자모음부터 시작해 한글 교육으로 단원이 구성되어 있습니다. 1, 2학년 국어 교과서를 기준으로 한글 교육 시간이 27차시(2009 개정 교육 과정)에서 62차시 내외(2015 개정 교육 과정)로 확대되었지요. 1, 2학년은 문자를 해독하는 기초 문해력을 키우기 위해 노력하는 시기입니다. 시기의 차이는 있겠지만 시간이 지나면 어느 정도 한글 해독이라는 목표에 도달하게 됩니다. 부모님들은 일단 아이가 한글 해독을 하면 그렇게 걱정하지 않습니다. 한글 해독만 가능하면 문제가 해결된 것일까요?

"선생님, '발생'이 뭐예요?"
"'특보'가 뭐예요?"
"'갉아서'가 뭐예요?"
어릴 때 미국에서 살다가 3학년 때 재취학을 한 아이의 질문입니다.
"선생님, '만족하는'이 뭐예요?"
어머니께서 캄보디아에서 오신 2학년 다문화 가정 아이의 질문입니다. 이 아이는 대화를 해보면 한국말도 할 줄 알고 읽고 쓸 줄도 압니다. 어느 정도 두께가 있는 책도 잘 읽어냅니다. 하지만 평상시에 쓰는 어휘를 몰라서 가끔 물어보곤 했습니다.
수업을 하다 보면 아이들이 이해하지 못하는 어휘가 지문 속에 곧

잘 나옵니다. 모르는 어휘가 많이 나오는 시간일수록 공부가 힘들다고 하더군요. 한두 단어로 해결되지 않을 때는 어떻게 할까요? 물어볼 엄두도 내지 못합니다. 더욱 심각한 건 숨어 있는 실질적인 문해력입니다. 기초 문해력은 문자를 해독하지 못하는 문제이니만큼 금방 드러납니다. 정도의 차이는 있지만 빠르게 대처하면 해결이 가능하지요. 그러나 해독은 하지만 독해를 하지 못하는 학생들의 실질적인 문해력 문제는 드러나지 않고 깊이 숨어듭니다. 해결하지 못한 채 심층에 스며들어 더욱 어렵습니다. 그럼 무작정 책을 읽으면 좋아질까요?

"하하, 욕쟁이! 깡패! 심술쟁이!" "크크, 뚱땡이!"
아이들은 책을 읽는 동안 자극적인 단어에 크게 반응합니다. 하지만 욕으로 재미를 붙이기 시작해서 욕으로 끝난다면요? 경험상 이렇게 책을 읽으면 "재미있다"고는 말합니다. 저자는 이야기를 통해 말하고 싶은 메시지를 간접적으로 전달합니다. 이야기 외의 책은 직접적으로 내용을 전달하지요.
예를 들어 1, 2학년 통합 교과서에서 친구 사이에 갖추어야 할 예의에 대해 배웁니다. 고운 말 하기, 배려하기 등을 직접적으로 전달하지요. 학년이 올라가면 도덕 교과서 등을 통해서도 귀에 딱지가 앉도록 들을 겁니다. 너무 식상해서 그 말의 중요성도 모른 채 듣고 있지요. 그와 달리 이야기는 주인공의 인생을 읽으면서 메시지를 얻어가게 됩니다. 이야기에 공감하고 몰입하면 내면화까지도 가능하지요. 그런데 단순하게 "재미있다"로 끝난다면 어떻게 될까요? 책을 읽은 후에 그 내용을 제대로 이해하거나 기억하지 못하는 독해의 문제를 가지고 있는 것입니다. 지금까지의 독서교육은 '책을 읽고 어떤 활동을 할까?'에 초점이 맞춰져 있었습니다. 책을 읽고 토론 활동이나 미술 활동으로 재생산하거나 치환하는 독서 활동을 위해서는 기본적으로 책을 이해하고 해석하는 게 먼저입니다. 가장 중요한 것은 제대로 읽는 것입니다. 제가 아이들과 함께한 독서교육은 해독과 독해 사이의 질문에서 시작합니다.

"선생님, 저한테 나쁜 습관이 생기면 그런 습관을 가진 주인공이 나오는 책을 읽고 고칠 거예요."

책을 읽고 이렇게 말한 아이는 한 문장이 마음에 훅 들어왔던 것이지요. 결국 한 문장으로 책을 이해하고 글 속에 있는 문장을 걸러서 새로운 문장이 만들어집니다. 책을 읽고 글을 쓰는 동안 뭔지 모를 마음 속 막연한 감정이 아이의 생각으로 나오는 겁니다. 이것이 문해력입니다. 아이가 이 생각을 실천까지 한다면 삶도 변화하겠지요.

7단계 글쓰기 루틴은 독서 활동이 막연하고 추상적으로 끝나지 않도록 이야기를 아이의 경험과 연결해주고 아이의 생각으로 마무리합니다. 아이들이 작품을 제대로 읽고 그 세계를 즐길 수 있도록 다리를 놓아주고, 메시지를 얻어가기 위해 함께했던 쓰기 과정을 소개합니다. 책에서 소개한 내용을 무조건 실천하는 것보다 우리 아이가 하고 싶어 하고, 우리 아이에게 맞는 것을 취사선택해서 조금씩이라도 실천하는 것이 중요합니다. 우리 아이의 이야기에 귀를 기울이고 아이와 함께 소중한 시간을 쌓아가기를 바랍니다.

마지막으로 이 책을 쓸 수 있도록 사랑과 도움을 전해준 모든 분께 감사의 마음을 전합니다.

임영수

차례

프롤로그　해독과 독해 사이 004

1장

왜 문해력인가요?

단시간에 이해하는 아이의 비밀 014
교실에서 문해력 차이가 의미하는 것 019
문해력은 삶의 질을 향상시킨다 024
공부에도 결정적 시기가 있다 028
독서교육, 우리는 왜 빈손인가요? 032
이야기의 힘 036
왜 이야기책을 읽고 글을 쓰나요? 040
이야기책이 공부에 도움이 되나요? 045
배를 만들려면 바다를 그리워하게 하라 051

2장

쓰기 루틴으로 문해력 입문하기

학교에서는 어떤 글쓰기를 할까요? 060
루틴이 무엇인가요? 065
문해력을 위해 루틴이 필요한 이유 068
왜 쓰기 루틴인가요? 071
7단계 글쓰기 루틴 한눈에 보기 078

3장

1~4단계로 문해력 쑥쑥 키우기

왜 1~4단계 루틴으로 문해력을 키워야 할까요?   082

1단계 밑줄 긋기   085

2단계 문장 수집하기   096

3단계 독서 노트 쓰기   102

4단계 요약하기   126

4장

5~7단계로 문해력 단단하게 다지기

왜 5~7단계 루틴으로 문해력을 다지나요?   134

5단계 생각 정리 글쓰기   137

6단계 배움 정리 글쓰기   150

7단계 쓰기 루틴 만들기   160

5장

문해력과 함께하는 일상 만들기

초등 교과 과정에 맞춘 학년별 추천 도서   166

아이에게 맞는 책을 고르기   171

단 1초 만에 시선 잡기   176

고통 없이 책 읽어주기   183

미래 사회의 나침반, 디지털 리터러시   188

국어과 수석교사가 알려주는
친절한 Q&A

글쓰기가 너무 막막한데 어떻게 해야 할까요?　　　194

책 놀이가 글쓰기 공부에 도움이 될까요?　　　198

초등학생인데 서평 쓰기를 해야 할까요?　　　202

글쓰기에 두려움을 없애려면 어떻게 해야 할까요?　　　205

글쓰기에도 결정적인 시기가 있나요?　　　208

초등학교 저학년에 가장 중요한 것은 무엇인가요?　　　213

초등학교 3학년이 된 아이의 읽기 지도는　　　216
다르게 해주어야 할까요?

금방 다 읽었다는 우리 아이 어떻게 하면 좋을까요?　　　220

왜 우리 아이는 책에서 점점 멀어지나요?　　　223

무엇을 써야 할지 모르겠어요　　　226

에필로그　아이들에게 꼭 가르쳐주고 싶은 건　　　229
참고문헌　　　232

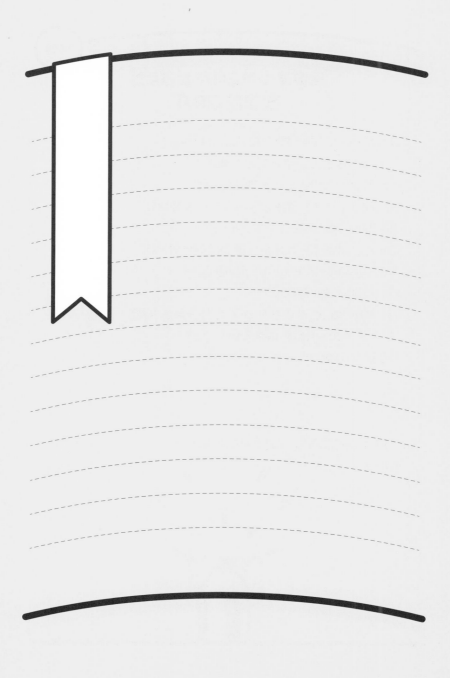

왜
문해력인가요?

단시간에 이해하는
아이의 비밀

아무리 열심히 가르친다고 해도 아이들이 배운 내용을 다 똑같이 흡수하지는 않지요. 교사가 하는 수업과 학생의 배움이 일치하면 참 좋겠지만 쉽지 않습니다. 가르치는 대로 단시간에 스스로 이해하는 아이가 있는 반면, 온종일 부연 설명을 들어야 이해하는 아이가 있습니다. 단시간에 스스로 이해하는 아이와 온종일 설명을 듣고 이해하는 아이는 초등학교 3학년부터 성적에 차이가 나기 시작합니다. 아이가 초등학교 3학년이 되면 부모님들께서는 많은 걱정을 합니다. 사회, 과학, 음악, 미술, 체육, 도덕으로 분리된 교과서를 보면서 우리 아이가 잘할 수 있을까 걱정부터 들지요. 국어, 수학, 통합 교과서로 공부하던 2학년에서 교과 공부로 기초 틀을 세워야 하는 3학년에 들어서면 일단 교과서가 굉장히 많아집니다. 아이들과 함께 교과서와 공책에 이름표를 붙이다 보면 아이들도 놀랍니다.

"정말 많다."

교과 공부가 많아졌다는 것은 접해야 할 새로운 교과 용어가 늘어났다는 것을 뜻합니다. 저는 3학년 담임을 할 때마다 느낍니다. '참 예쁜 아이들이다.' 아직 2학년의 귀여움이 남아 있는 아이들은 참 예쁩니다. 사회도 과학도 배워본 적이 없는 아이들은 신기한 마음으로 교과서를 봅니다. 과학 교과서에 있는 실험을 보고 신기해하며 해보고 싶다고 느낍니다. 또 "나는 못 해"라기보다 호기심을 가지고, 교과에 편견이 별로 없습니다. 해야 할 일을 이야기해주면 신선하게 받아들이고 열심히 하려고 합니다. 학년 초의 모습을 보면 모두 다 정말 잘 따라올 것만 같습니다.

학업에서 나타나는 상당한 격차

초등학교 3학년 수업을 할 때 두 아이가 있었습니다. A, B 두 아이 모두 수업 시간에 열심히 참여하는 성실한 학생이었습니다. 수업 시간

내내 선생님에게서 눈을 떼지 않는 아이들이었지요. 두 아이 모두 발전이 기대되었습니다. 한 달, 두 달이 지나면서 부쩍 A학생의 질문이 많아졌습니다. 질문이 많아졌다는 것은 참 좋은 일입니다. 수업 시간에 능동적으로 임하겠다는 것이고, 열심히 하기 때문에 궁금한 것이 생겼다는 것이니까요.

하지만 그 친구의 질문을 들여다보면 대부분 문제의 뜻을 물어보는 내용이었습니다. 좀 더 직접적으로 말하면 문제에 나오는 낱말의 뜻을 물어보는 것이었습니다. 낱말을 물어본다는 것은 문제가 이해되지 않는다는 것이겠지요. 열심히 하겠다는 의지를 알기에 설명해주면 "아!" 하고 곧잘 따라옵니다. 반대로 B학생은 문제를 바로 이해합니다.

한두 개를 모를 때는 열심히 질문하던 A학생이 아예 묻지 않을 때도 있습니다. "어떻게 하는 건지 모르겠어요" 하더군요. 이제는 낱말의 뜻을 모르는 게 문제가 아닌 거죠. 하지만 설명을 듣고 이해를 하면 시간이 걸려도 문제를 풀고 공부했습니다. 읽으며 이해하는 것이 어려운 아이에게는 말로 설명을 해주면 됩니다. 그래서 A에게는 설명을 첨부하는 방식으로 수업을 이어갔습니다.

이렇게 한 학기가 지나자 격차가 보이기 시작했습니다. 낱말이 이해가 안 되는 A학생은 모르는 어휘가 한두 개에서 점차 늘어나자 부분적으로 수업 시간에 집중도가 떨어졌습니다. 그렇게 똘망똘망하던 눈에서 의욕이 사라질 때도 있었습니다. 정말 안타까웠죠. 급기야 학기 말에는 아이의 일기나 글쓰기에서도 상당한 격차를 보이기 시작했습니다.

학업 성적으로 직결되는 어휘력

열심히 하고자 하는 의지를 꺾은 것은 어휘라는 걸림돌이었습니다. A학생과 B학생의 경우 독서량에 엄청난 차이가 있었습니다. B학생은 독서를 즐겨서 3학년 수업 시간에 나오는 어휘도 어려움 없을 정도였습니다. 책을 읽고 스스로 이해하는 능력은 교과 성적까지 좌우하는 힘이 있어요.

사회 교과서나 과학 교과서, 수학 교과서 등에는 단원마다 새로운 개념이 나옵니다. 수학 같은 경우에는 '평행사변형'처럼 새로운 개념이 나올 때 '약속'이라는 말을 사용합니다. 그래서 수업 시간에는 '약속'이라는 개념을 먼저 도출하기보다는 '내가 이름 짓기' '특징 찾기' 같은 활동을 하며 개념을 알려주기도 합니다.

사회 교과서와 과학 교과서에서는 그 단원에 나오는 용어를 미리 제시해줍니다. 과학은 실험 후에 개념을 제시하는 경우도 많습니다. 3, 4학년부터 사회와 과학을 배우기 시작하니 그때부터 새로운 개념을 많이 접한다고 보면 됩니다. 사회 교과에서는 그 어휘를 아는 것 자체가 교과 학습력이고, 과학 교과에서는 그 어휘를 아는 것 자체가 학습 능력과 연계됩니다. 각 차시, 단원, 교과에 나오는 어휘를 잘 알고 있는 아이들은 중학교에 가서도 새로운 용어가 훨씬 많이 나오는 교과서를 이해할 수 있게 되는 것입니다.

중학교에 올라간 아이들이 교과서에 나오는 어휘를 몰라서 수업을 이해하지 못한다는 말들이 많더군요. 어휘 자체는 곧 성적과도 직결됩니다. 그래서 초등학교 때 공부를 잘하는 아이가 중학교에 가서도 잘하는 건 아니라는 이야기가 나오는 것입니다. 결정적인 시기에 어휘력을 쌓아놓은 아이들이 중학교, 고등학교를 넘어 계속 잘할 수 있는 힘을 지니더군요.

교과서를 읽고 이해하려면 문해력을 키워야 합니다. 독서로 어휘 이해력의 밑바탕을 다져놓아야 합니다. 어휘력은 학교에서 배운다고 하루아침에 내 것이 되지 않습니다. 벌써 늦었다고 생각하나요? 문해력은 평생 발달합니다. 우리나라의 성인 문해력 조사를 보면 고등학교 때 최고점을 찍다가 서서히 떨어집니다. 평생 독서는 성인의 문해력도 향상시킵니다. 지금도 늦지 않습니다.

교실에서
문해력 차이가 의미하는 것

"선생님, '대피'가 뭐예요?"

"선생님, '성글다'가 뭐예요?"

"선생님, '실현'이 뭐예요?"

국어 시간에 지문을 읽다 보면 심심찮게 질문을 하는 아이가 있습니다. 어릴 때 미국에서 살다가 초등학교 3학년 때 재취학을 한 아이입니다. 영어권 국가에서 살아서 영어가 아주 유창했고, 3학년부터 가르치는 영어 수업은 너무 쉬울 정도였지요. 대화를 해보면 우리말도 할 줄 알고 읽고 쓸 줄도 알았습니다. 책도 어느 정도 두께의 책은 무리 없이 읽었어요. 하지만 수업 중에 교과서를 읽다 보면 이해가 되지 않는 어휘들이 곧잘 나옵니다. 아이는 모르는 어휘가 많이 나올수록 수업 시간이 힘들다고 하더군요.

"선생님, '만족하는'이 뭐예요?"

어머니께서 캄보디아에서 오신 2학년 학생입니다. 평소 그림책도 잘 읽고 수업 시간에도 집중을 잘하는 똑똑한 아이입니다. 어휘력이 높고 이해력도 좋아 국어나 다른 수업 시간에도 학습 태도나 성적이 우수한 학생이고요. 책을 잘 읽어서 어려운 수업 시간이 없을 정도지만 간혹 평상시에 쓰는 어휘를 몰라서 한 번씩 물어보곤 했습니다. 물어보는 어휘가 특별히 어려운 단어는 아니었어요. 일상에서 접해보지 않은 단어를 물어볼 때가 있었습니다.

수업 시간뿐만 아니라 일상생활에서의 노출 정도도 학습에 영향을 줍니다. 국어 시간에 지문에 나오는 낱말들을 사전에서 찾아보는 시간이 있습니다. '쏠다'라는 단어가 있어요. '쥐나 좀 따위가 물건을 물어뜯다'라는 말입니다. 사전을 찾아보면 의미가 나오지만 일상생활에서는 자주 사용하지 않으니 아이들이 잘 모릅니다. 평소 책으로 다양한 낱말을 접하지 않으면 이렇게 낯설어합니다. 단어를 한번 배운다고 그 뜻을 단번에 알게 되는 것이 아닙니다. 이러한 낱말이 쌓여서 우리의 이해력을 높여주는 근간이 됩니다.

수업 시간이 힘든 아이들

다문화 가정이 아니더라도 수업 시간이 힘든 아이들이 있습니다. 한두 단어 정도만 알려주면 수업에 잘 따라오는 아이는 양호한 편입니다. 모르는 게 너무 많아서 묻지 않고 지나가는 경우도 허다하죠. 해당 학년 교과서에 실린 지문 자체가 부담스러울 정도로 어휘가 약하다면, 어떻게 해야 할까요?

어휘력은 비단 국어뿐만 아니라 타 교과 수업에도 연결이 됩니다. 타 교과의 지문에는 교과와 관련된 학습 용어가 늘 새롭게 나오지요. 어휘에 대한 기본적인 이해를 바탕으로 문제를 풀어야 하는 다른 교과 학습에도 영향을 주게 되는 것입니다. 어휘를 모르면 자연스럽게 수업 시간에 집중이 되지 않고 재미없고 힘든 시간만 이어지게 됩니다.

문해력은 글로 소통하는 능력이지요. 간단하게는 '읽고 쓸 줄 아는 능력'입니다. 풀어서 이야기하면, 글을 읽고 이해하며 자신의 생각을 문장으로 쓸 수 있는 기초적 수준의 읽기와 쓰기 능력입니다. 문해력은 추론, 분석, 비판, 해석 등의 사고력을 요하는 읽기와 쓰기 능력까지도 포함합니다.

미국에서 살다 온 3학년 아이는 기초적인 문해력이 되는 수준임에도 불구하고, 학습에 어려움이 있었습니다. 해독은 되지만 독해가 되지 않는 겁니다. 사실적 독해, 추론적 독해, 기초적인 비판적 독해 수준의 읽기에 어려움을 겪고 있는 거죠.

학습 능력으로 이어지는 문해력

그러다 보니 문해력의 향상은 독해력의 향상, 질문력의 향상, 학습 능력의 향상에도 영향을 끼칩니다. 기초 문해력이 단단히 쌓이면 국어 학습 및 다른 교과 학습에도 긍정적인 영향을 줍니다. 문해력이 없다는 것은 문맹은 아니라 읽고 쓸 수 있지만, 본인이 읽고 있는 문장이나 쓰고 있는 단어의 정확한 의미를 모르는 상태에 놓여 있다는 뜻이죠.

요즘같이 어렸을 때부터 영상매체에 노출되었던 초등학생들은 글을 읽는 것보다 영상을 보는 것에 더 익숙합니다. 글자는 알지만, 이해하는 것에는 어려움을 느끼는 사람이 점점 늘어나고 있는 것도 같은 맥락이죠. 글을 읽지 않아 문해력이 떨어지기 때문입니다. 읽을 수는 있으나, 무슨 뜻인지 모르는 상태에서는 수업이 지루하고 힘듭니다. 그대로 학습 능력의 부진으로 이어지는 것입니다. 우리 아이의 학습 능력을 키우기 위해서는 문해력을 키워야 합니다.

루틴으로 문해력 근육을 만들어야 하는 시기

학교 수업 시간에는 국어사전 찾는 법을 배웁니다. 우리는 '평소 책을 많이 읽으면 문해력이 높은 것 아닌가?' 하고 생각합니다. 무작정 많이 읽는 것보다 좋은 책을 제대로 읽는 것이 중요합니다. 학교 수업 시간에 새로운 낱말을 발견하고 국어사전도 찾아봅니다. 하지만 한번 본다고 그 낱말을 아는 것이 아닙니다. 일상생활에 사용하거나 다양한 책으로 그 낱말을 다시 접하고 이해하지 않는다면 읽고 이해하는 문해력 근육이 생겼다고 할 수 없습니다. 하루 운동한다고 근육이 생기나요? 매일 먹는 밥처럼 일상생활에서 반복적으로 해야만 문해력 근육을 키울 수 있습니다.

수학에서도 연산 능력은 하루아침에 늘지 않습니다. 수학은 아이들이 힘들어하는 분야이기도 하지요. 연산 학습지는 하루 동안 많이 푼다고 해결되는 것이 아닙니다. 매일 조금씩 하는 연산이 아이의 연산 능력을 키워줍니다. 문해력도 수학 교과의 연산 능력 같은 것이 아닐까요? 우리 아이의 연산 능력을 키우기 위해 노력한 만큼 문해력을 키우기 위해 노력하고 있는 것이 있나요? 매일 루틴으로 문해력 근육을 만들어야 할 때입니다.

문해력은
삶의 질을 향상시킨다

문해력은 책과 대화를 나누며 자아의식을 가지게 하고, 줄로 된 글을 읽으며 비판적이고 논리적인 사유를 가능하게 합니다. 아이가 이해한 글은 단순하게 문장 수준의 독해를 넘어 생생하게 머릿속에서 이미지화됩니다. 기존의 생각과 연결을 통해 하나의 이야기가 엮이듯 아이의 머릿속에 메시지가 만들어지는 것입니다. 이렇게 구성된 지식 체계를 갖추면 자신의 생각을 자유롭게 설명할 수 있고, 자유롭게 변형하고 재창조한 결과물을 생산할 수도 있습니다. 본질을 꿰뚫는 통찰력이 생기는 것입니다.

삶의 통찰력을 얻는 방법

'통찰'이라는 말은 무슨 뜻인가요? '통찰'의 사전적 의미는 '예리한 관찰력으로 사물을 꿰뚫어본다'입니다. 또한 '새로운 사태에 직면해 장면의 의미를 재조직화함으로써 갑작스럽게 문제를 해결하거나 또는 해결하는 과정'이라고 합니다. 이전에는 인식하지 못했던 자신의 마음 상태를 알게 되는 일이기도 하죠. 통찰은 모든 노력을 했음에도 해결할 수 없었던 문제가 어느 정도 시간이 지나 새로운 지식이나 인지 전략의 투입 없이 갑자기 해결 방법이나 해답이 떠오르는 현상입니다. 이러한 능력을 통찰력이라고 하죠.

삶의 통찰력을 얻는 것은 비단 지식 주입으로만 이루어지는 것이 아닙니다. 다양한 학습과 경험을 통해 우리 뇌에 저장된 기억은 통찰의 좋은 재료가 됩니다. 독서는 직접 경험하지 못한 다양한 것들을 간접적으로 경험할 수 있게 만들어주는 좋은 도구입니다. 독서를 통해 통찰을 위한 재료를 잘 쌓아두는 것이 중요합니다.

긍정적인 기분으로 적절한 휴식을 취하는 것 또한 통찰을 얻을 수 있는 가능성을 높이는 일입니다. 주의를 기울이고 있을 때는 연결되지 않았던 신경망들의 연결이 시도되며 뇌 신경망이 활성화되기 때문입니다. 통찰력이 있다는 것은 단순히 지식을 변형하고 창조하는 것을 넘어 인생에서 스스로 중심을 잡고 살아가는 능력까지도 갖추는 것을 말합니다. 이렇게 문해력은 삶의 질까지 결정합니다.

　　우리는 자기개발, 사회 참여, 목표 성취, 지식과 잠재력을 쌓기 위해 온라인이나 책을 통해 글을 읽습니다. 문서화된 글을 이해하며 도움을 받습니다. 지식을 얻거나 생각을 변화시키기도 하고 고민 해결의 방법을 찾는 등 여러 가지로 활용하며, 사람들과 글로 소통합니다.

　　이 책을 읽고 있는 여러분도 이미 글로 소통하고 있는 것입니다. 현대사회에서의 문해력은 사회에서의 소통 방식, 사용 매체, 사회적 참여 정도 등을 결정하는 데 관여하는 결정적인 요인이 되기도 합니다.

　　우리는 학창 시절에 많은 것을 배웠습니다. 이미 많은 재료가 쌓여 있습니다. 여러 교과와 단원에서 새로운 지식을 받아들이고 배웠습니다. 그렇게 많이 배우고, 그렇게 많은 책을 읽었는데도 스스로 변화하지 못하는 이유는 무엇인가요?

인생에서 중심을 잡는 능력

읽음과 배움은 다릅니다. 교사의 가르침과 학생의 배움이 다르듯이 말이지요. 스스로 얻은 것이 아니라면 자신의 것이 되지 않고, 배웠다 하더라도 자신의 생각, 자신의 이야기가 되지 않습니다. 내면화 과정과 실천을 통해 자신의 이야기가 될 때 우리의 의식 수준은 변합니다.

단순히 많은 책을 읽고 스치듯이 속독하는 과정을 통해서는 문해력을 향상시킬 수 없습니다. 문해력을 향상시키기 위해서는 많은 책을 읽는 것보다 좋은 책을 읽는 게 중요하고, 좋은 책을 제대로 읽는 게 무엇보다 중요합니다. 좋은 책을 제대로 읽으면 온전한 깨달음이 내면화되고, 실천으로 이어지며, 삶을 변화시키는 원동력이 됩니다. 중심을 잡고 삶을 충실하게 살아갈 힘을 키워줍니다.

공부에도
결정적 시기가 있다

부모는 아이들 공부가 늘 걱정입니다. 시대가 변해도 공부는 부모의 최대 관심사이자 걱정거리인 것 같습니다. 저 또한 아이가 태어나면서 교육 방법에 대해 고민하고, 학교에서 아이들을 가르치면서 점차 벌어지는 격차 때문에 늘 고민을 했습니다. 제가 수년간 교육계에 종사하며 얻은 잠정적인 결론은 결정적인 시기를 놓쳐서는 안 된다는 것입니다. 학창 시절에는 어느 시기나 중요하지 않은 때가 없지만, 결정적 시기를 놓쳐버리면 훗날 치러야 할 대가가 너무 크더군요.

교과 공부마다 결정적 시기가 다르다

예를 들어 제 경험상 수학에서는 2학년과 5학년이 결정적인 시기라고 봅니다. 2학년은 덧셈, 뺄셈, 곱셈 연산의 기초가 쌓이는 시기예요. 그 시기를 놓치면 이후 수학 시간에 치러야 할 대가가 너무 크다는 것이지요. 5학년은 방정식의 기초를 쌓는 시기입니다. 수학이 어렵다고 포기하는 아이들이 나오는 시기더군요. 이 시기에 수학을 놓쳐버리면 중학교까지 연계되는 기초가 쌓이지 않아 어마어마한 대가를 치러야 합니다.

수학은 학원을 다니는 아이들이 많지요. 하지만 국어는 학원에 잘 보내지도 않습니다. 일상생활에서 한글을 사용하기 때문에 그저 잘하고 있다고 생각하는 경우가 많습니다. 이렇게 간과해버리면 학습 부진이 쌓여가고 있다는 것을 미처 깨닫기가 어렵습니다.

모든 교과는 한글로 이루어져 있습니다. 연산만 잘해도 잘할 것 같은 수학도 한 단계 더 나아가면 어려운 단어가 나오는 한글로 이루어져 있지요. 저는 초등학교 1학년 담임을 5년 동안 하다가 국어과 수석 교사가 되었습니다. 초등학교 1학년으로 이제 막 입학한 아이들을 보면 덧셈 뺄셈은 다 잘합니다. 심지어 연산 학습지로 곱셈까지 했다는 아이들도 있습니다. 하지만 수학 교과서는 숫자만으로 되어 있지 않아요. 문제는 한글로 되어 있지요.

"(   )에 답을 쓰시오"라고 제시되어 있으면 문제 속의 빈칸에 아무 숫자나 쓰는 친구들도 있습니다. 문제 해독을 못했기 때문입니다. 문제 자체를 읽기 힘들어하는 친구가 있는가 하면, 읽을 수는 있지만 "이게 무슨 말이에요?"라고 묻는 친구가 있습니다. 낱말 한두 개를 묻는 게 아니라 전혀 해독이 되지 않는 경우도 많습니다. "이건 이런 것을 묻는 문제야"라고 설명해주면서 같이 문제를 풀어주어야 비로소 "아!"라고 합니다. 이런 상황에서 교과 학습이 무슨 효과가 있을까요.

교과 공부의 핵심은 문해력

우리 아이들에게 필요한 건 문해력이 아닐까요? 학교에서 가르쳐주지 않느냐고요? 물론 가르칩니다. 읽기도 쓰기도 모두 가르치지요. 우리가 고등학교에 다닐 때 영어 단어를 외웠던 것 기억하나요? 매일 단어의 개수를 정해놓고 노트에 빽빽하게 쓰면서 많은 단어를 외웠지요. 그때 외운 게 다 자신의 실력이 되었나요? 마찬가지입니다. 초등학교에서도 어휘 학습을 하고, 국어사전도 찾아봅니다. 하지만 그 어휘를 일상생활에서 이해하고 표현할 수 있는 능력이 어휘력입니다. 단지 수업 시간에 배웠다고 해서 아이의 배움이 되는 것은 아닙니다. 가르침과 배움이 다른 게 그런 이유지요.

실제로 제가 가르쳤던 다문화 가정 학생은 그림책을 정말 잘 읽었습니다. 하지만 일상생활에서 사용하는 어휘의 노출량이 적다 보니 잘 알 것 같은 낱말을 몰라서 어리둥절해하며 물어볼 때가 있었습니다. 일상생활에서의 어휘 노출이 그만큼 중요하다는 것이지요.

학교 수업만으로는 절대적으로 부족합니다. 코로나 이후 집에서 보내는 시간이 많아졌고 집 공부의 중요성 또한 높아졌습니다. 글자를 소리 내어 읽을 수 있다고 문해력이 있는 것이 아닙니다. 초등학교 4학년을 기점으로 쓰기 능력 발달 단계는 위계화가 됩니다. 쓰기에도 결정적인 시기가 있는 것이지요. 읽기와 쓰기는 상관관계가 큽니다. 결정적 시기를 절대로 놓치지 마세요.

독서교육,
우리는 왜 빈손인가요?

우리는 얼마나 오랫동안 독서교육을 받아왔나요? 제가 어렸을 때만
해도 지금처럼 조기교육이 만연하지 않았습니다. 하지만 공교육 시
기만 보더라도 족히 10년 동안은 독서교육을 받아왔습니다. 초등학
교에 입학하기 전부터 한글 교육, 독서교육에 노출된 요즘 세대들은
10년보다도 더 오랫동안 독서교육을 받았으리라 생각합니다. 아침
자습 시간에 독서하거나 독서 학습지 등으로 공부하고 학교와 학원에
서도 독서교육을 받습니다. 그 정도 독서교육을 받았으면, 책이라도
한 권 낼 만하지 않을까요? 그럼에도 불구하고 자신의 인생 도서, 독

서 습관, 글쓰기 습관 등을 이야기해보라고 하면 딱히 입을 열기가 쉽지는 않습니다.

우리는 왜 빈손인가

우리는 유아기, 초등학교, 중학교, 고등학교의 학령기를 거치면서 다양한 책을 읽고 독서 활동을 해왔습니다. 하지만 수업 시간에 배우는 시와 글은 온전한 작품이 아니었지요. 그 책 읽기와 독서 활동이라는 것이 교과서에 수록된 일부 발췌 글이거나, 그 글에서 파생돼 분절된 독서 활동이었습니다. 그래서 읽은 책을 잘 기억도 못 할 뿐만 아니라 많은 독서 활동을 했지만, 조각난 활동이라 기억도 나지 않습니다. 그러다 보니 학령기를 졸업하고 나면 우리 모두 빈손입니다. 그렇게 많이 배웠음에도 불구하고 말입니다.

딸아이의 경우 어릴 적 독서를 참 좋아했습니다. 학교에 들어간 뒤에는 글쓰기 대회에서 곧잘 상도 받아왔죠. 교내 대회뿐만 아니라 시 대회에서도 최우수상, 나라사랑 전국 글짓기 대회에서는 장관상까지도 수상했습니다. 엄마 욕심에 이 자료들을 다 모아서 딸의 문집을 만들어볼까 싶었습니다. 교과서에 쓴 글도 나름 심금을 울리는 표현들이 보여 그 글도 모으기 시작했습니다. 수상작을 다 모으려고 하다 보니, 대회에 출품한 작품은 다시 볼 기회가 없는 경우도 있었습니다. 그나마도 그렇게 모아놓으니 딸아이가 쓴 글이 아직도 남아 있습니다. 지금도 그 글을 넘겨보며 '아! 그때는 앞마당에 무궁화꽃이 많이 피었었는데…'라며 추억을 떠올리곤 합니다.

글은 기억의 재편집이자 성장의 기록입니다. 글을 통해 기억을 재구성하고 자신이 성장했음을 확인하게 되지요. 아이의 글을 소중히 모아두면 종종 추억을 되새기는 시간을 가지게 됩니다. 기록의 즐거움을 느끼는 순간, 글쓰기는 더욱 즐거워집니다.

보통 학령기 동안 작가의 글을 읽고 들으며 배웁니다. 듣고 읽는 교육이 주를 이루게 되지요. 그 속에 나의 이야기는 없습니다. 자신의 글을 쓰는 일도 잘 없습니다. 그저 글을 분석의 대상으로만 생각하고 배우기 때문입니다.

분절된 활동, 조각난 지식

어른이 된 지금도 글쓰기가 익숙하지는 않습니다. 내 이야기도 아닌 남의 분절된 지식 조각을 배우면 그때는 다 이해하는 것 같지만, 정작 배운 것을 말로 표현하려고 하면 어렵습니다. 그 속에 '내'가 없기 때문입니다. 책은 '나'와 연결될 때 비로소 감동이 내면화되고 실천으로 연결될 수 있습니다. '나'와 연결되지 않았을 땐 가르친 것은 있지만 배운 것은 없습니다. 완전히 이해했다고 보기 어렵습니다. 질문 몇 개, 학습지 풀기, 단순한 지식, 분절된 활동으로는 책을 내 것으로 만들 수 없습니다. 읽고 이해하고 자신의 생각을 표현할 수 있어야 합니다. 읽기를 통해 나에게 전달된 하나의 메시지가 있어야 하고, 그것을 표현할 수 있어야 합니다. 글을 읽는 동안에도 하나의 메시지가 나올 수 있게끔 독서 활동이 구성되어야 하고, 잘 표현할 수 있는 독서 활동으로 이어져야 합니다.

배우는 동안에도 나만의 이야기가 있어야 합니다. 이야기는 분절된 지식을 융합하는 도구지요. 이야기가 잘 기억나는 것도 그런 분절된 지식을 융합하기 때문입니다. 맥락 있게 연결된 7단계 글쓰기 루틴은 막연하고 추상적인 활동으로 끝나지 않도록 이야기를 나와 연결해주고 내 생각으로 마무리되도록 돕습니다. 이야기를 읽고 배우는 동안에 등장인물의 모습을 보며 더욱 바람직한 나만의 가치를 형성하고 스스로 성장하게 됩니다. 독서를 하며 나의 성장 스토리를 만들게 되는 것입니다.

이야기의
힘

수업을 하다 보면 아이들에게서 대화 내용과 상관없는 대답이 나올 때가 있습니다. 집중력이 떨어진 것이지요. 이럴 때가 이야기를 들려주어야 할 때라고 생각합니다.

"얘들아, 양치기 소년 이야기 알아?"

"아니요."

"선생님이 이야기 하나 들려줄게. 옛날 어느 마을에 양치기 소년이 살았어. 어느 날 양치기 소년이 늑대가 나타났다고 외쳤어. 마을 사람들이 모두 늑대를 무찌를 것을 들고 헐레벌떡 달려왔겠지? 그런데 사실은 양치기 소년이 거짓말을 했던 거야. 양치기 소년이 세 번이나 똑같은 장난을 했어. 그러던 어느 날 진짜로 늑대가 나타났어. 그때 양치기 소년은 '늑대다. 늑대가 나타났다' 하고 소리를 질렀어. 어떻게 되었을까?"

　굳이 주인공이 왜 그랬을까를 묻지 않고, 이야기만 들려주어도 괜찮습니다. 아이들의 대답과 질문을 기다려주세요.

마음을 치유하는 이야기

이렇게 이야기를 들려주지 않고 직접적으로 "거짓말을 하는 아이가 있습니다"라고 말하면, 아이들은 바로 그 아이를 쳐다보거나 대놓고 지적을 하기도 하겠지요. 그런 이야기는 은유의 이미지가 없기 때문에 진정한 이야기라고 부르기가 어렵습니다. 그래서 "양치기 소년이 한 명 있었어요"라고 은유가 들어가는 겁니다. 늑대 같은 장애물도 마찬가지입니다. 은유란 어떤 것을 다른 어떤 것으로 보여주는 것입니다. 예를 들어 "네 눈은 별처럼 반짝인다"라고 할 때와 같이 '처럼', '같이'의 말을 써서 닮은 점을 강조하는 것은 직유라고 합니다. 반면에 "네 눈은 별이다"처럼 표현하는 것을 은유라고 합니다. 이야기의 묘미는 은유입니다. 은유는 어떤 것을 다른 새로운 것으로 바꾸는 힘이 있습니다. 우리의 상상을 풍부하게 만들지요. 그래서 이야기가 흘러가는 동안 똑같은 은유가 앞뒤 문맥과 상황에 따라 의미가 역동적으로 변합니다. 아이마다 자신의 상황에 따라 느끼는 의미도 다르기도 합니다. 그게 매력이지요.

이야기 속의 은유는 마음을 감동시킵니다. 마음을 치유하는 힘도 있습니다. 그게 이야기 치료지요. 이야기가 우리를 울거나 웃게 한다면, 눈물과 웃음이 마음을 치유합니다. 잔소리보다 이야기 한 편이 더 마음에 와닿고 더 잘 전달됩니다. 아이들은 이야기를 읽는 동안 등장인물을 통해 더욱 바람직한 가치를 형성하고 성장하게 됩니다. 이야기를 읽는 동안 기존의 문화와 가치도 자연스럽게 전달되지요. 이렇듯 이야기에는 길이 있습니다.

몇 번을 읽어도 또 읽고 싶은 이야기

이야기는 몇 번을 들어도 다시 듣고 싶게 만드는 매력이 있습니다. 읽었던 그림책을 읽고 또 읽고 몇 번을 읽어도 아이들은 다시 읽어달라고 가져옵니다. 좋아하는 그림책을 수십 번이나 읽는 아이들도 있습니다. 저도 딸과 아들을 키울 때 아이들이 책을 좋아하는 아이로 컸으면 하는 바람이 있었습니다. 하나라도 좋아하는 책이 생기기를 바라면서 손 닿는 곳 여기저기에 책을 두었지요.

밤마다 책을 읽어주며 재우다 보면 오히려 이야기를 듣다 말고 더 눈이 말똥말똥해지기도 했습니다. 그다음이 궁금하다고 읽어달라고 하면, 읽어주다가 잠이 와서 잠결에 이야기를 지어서 들려주기도 했습니다.

딸은 공주 이야기를 좋아했고 그중에서도 스스로 일을 해결해내는 씩씩한 공주 이야기책을 들고 다니며 읽어달라고 했습니다. 아들은 을지문덕 장군 그림책을 어찌나 읽어달라고 했는지 책이 너덜너덜해질 정도였습니다. 승리를 앞둔 내용을 읽을 때마다 나오는 그 준비된 웃음을 잊을 수가 없습니다. 칼을 차고 읽어달라고 말할 때의 모습이 지금도 종종 떠오릅니다.

왜 이야기책을 읽고
글을 쓰나요?

이야기책은 읽기가 쉽습니다. 쉽고 재밌으며 간접경험을 통해 자연스럽게 마음을 열게 해주고 자신의 경험을 한 편의 이야기로 구성하는 데도움을 줍니다. 주로 아이들과 비슷한 또래의 이야기책 속 등장인물이겪는 사건이나 정서는 아이들이 자신이 직접 겪은 경험을 선택해서 사건을 구체화하고 생각이나 느낌을 글로 표현할 때 무엇을 쓸까 고민하는 시간을 줄여줍니다. 아이들의 삶과도 밀접하기 때문이지요. 이처럼방법만 알면 다른 글쓰기에 확장해서 적용할 수도 있습니다. 글쓰기 능력이 향상된 아이는 어떤 글로도 자유자재로 생각을 펼칠 수 있습니다.

글은 문학과 비문학으로 나눌 수 있습니다. 사상이나 감정을 언어로 표현한 예술 또는 작품이 문학입니다. 반대로 문학이 아닌 객관에 근거한 글을 비문학이라고 합니다. 문학에는 시나 소설이 들어가고 비문학에는 설명문, 논설문이 포함됩니다. 그중에서도 어린이가 읽을 수 있고 어린이의 이야기가 담긴 문학이 동화입니다. 상상의 세계든 현실적인 내용이든 어린이가 읽을 수 있어 자신의 이야기로 취할 수 있기만 하면 동화에 포함됩니다. 전래동화, 창작동화, 공상동화, 생활동화, 유년동화, 철학동화, 과학동화, 인성동화 등 분류가 딱 맞아떨어지지는 않겠지만 관점에 따라 여러 장르의 동화로 나뉘어집니다. 크게는 허구냐 사실이냐에 따라 생활동화(사실동화)와 판타지동화(공상동화)로 나뉘어집니다. 요즘에는 생활동화가 이야기책의 주류를 이룹니다.

아이들에게 흥미를 주는 이야기면서 아이들의 삶과 정서에 가까운 이야기일수록 글쓰기에 도움이 됩니다. 이야기책에는 인간의 기본 욕구가 표현되어 있으며 삶의 다양한 모습을 다루고 있어 아이들은 자신의 경험과 비교해볼 수 있습니다. 이야기를 읽고 떠오르는 자신의 경험을 선택해서 구체화하고 생각이나 느낌을 쓰면 됩니다. 한 편의 이야기를 읽고 글을 쓰면 좋은 점이 무엇일까요?

긍정적 정서 발달

자신의 경험과 비슷한 사건이나 인간관계를 그린 이야기를 통해 감정을 재확인하고 일상에서의 갈등을 해소할 수 있습니다. 이는 문제를 해결하는 데 자신감을 줍니다. 또한 자신의 행동을 반성하고 성찰하며, 이해와 소통을 바탕으로 건강한 자아 정체성을 확립할 수 있습니다. 이 과정을 통해 자기 성찰 및 자기 관리 역량이 발달하게 됩니다. 자기 이해를 돕는 글쓰기는 미래 사회가 요구하는 글쓰기입니다.

긍정적 쓰기 태도 및 능력 향상

자신의 삶과 밀접한 이야기는 쓰기의 부담을 낮춰주고 긍정적인 쓰기 태도를 형성합니다. 쓰기 태도가 긍정적으로 변하면 결국 쓰기 능력이 향상됩니다. 초등학생은 경험을 쓰라고 하더라도 자신이 겪은 여러 가지 경험 가운데 하나를 선택해서 의미를 형성하는 것을 어려워합니다. 이때 한 편의 이야기를 통한 글쓰기는 자신의 경험 중에 비슷한 것을 선정해 자신이 겪은 일을 서사화할 수 있도록 도움을 줍니다. 우리 아이들은 일기를 쓰면서도 이렇게 경험을 씁니다. 아이 일기에서 틀린 글자를 고쳐야 할지 고민이 되지요? 문맥이 안 맞는 문장도 보이지요? 일기를 쓸 때 경험만 나열하는 친구들도 있습니다. 이러한 문제를 보완하기 위한 자료로 이야기책을 활용할 수 있습니다. 이야기책은 아이들이 일상생활에서 겪을 수 있는 경험이나 정서를 흥미로운 이야기로 전개해서 아이들이 자연스럽게 글의 전개 방식과 표현 양식을 배울 수 있도록 합니다. 그야말로 훌륭한 모범 텍스트의 역할을 합니다. 새로운 어휘를 익히고 좋은 문장에의 노출도도 올려 줍니다.

평생 독자, 저자로서의 역량

이야기를 읽고 자신의 경험으로 글을 쓰면, 글쓰기를 친숙하게 여기고 글쓰기를 생활화하게 됩니다. 평생 독자뿐만 아니라 저자로서의 역량까지 갖추게 됩니다. 경험의 나열만이 아니라 글에 의미를 부여하는 것은 수필, 에세이, 자서전 같은 글쓰기 유형과도 비슷합니다. 시중에 출판되는 에세이도 저자의 경험과 통찰이 들어간 글입니다. 요즘 인스타, 블로그, 브런치 등 이런 글을 쓸 수 있는 어플이 많습니다. 어려서부터 키운 쓰기 능력은 삶과 연결되고 글이 축적되면 결국 저자로서의 길도 열리게 됩니다. 배움과 삶이 단절된 독서교육으로 끝나는 것이 아니지요.

글쓰기 능력을 향상시키기 위해서는 일단 글을 많이 써야 합니다. 충분히 써야 좋은 글을 쓸 가능성이 커집니다. 그리고 아이들이 많이 쓸 수 있으려면 쉽게 쓸 수 있어야 합니다. 제대로 이해한 이야기가 마음속에 와닿으면 자연스럽게 자신의 이야기가 떠오릅니다.

이야기책이 공부에 도움이 되나요?

"우리 아이는 책을 잘 읽지 않아요. 어떻게 하면 좋을까요?"

학교에 상담하러 오는 부모님들께서 가장 걱정하는 것 중 하나입니다. 학부모님은 독서 잘하는 아이가 공부 잘하는 아이라고 생각해 다독을 강조하는 경우가 많습니다. 하지만 공부의 기본인 독서력은 생각만큼 잘 길러지지 않는 게 현실입니다.

아이가 책을 좋아하고 스스로 찾아 읽는 모습은 많은 부모의 바람입니다. 하지만 아이들이 책은 지루하고 따분하다고 생각합니다. 책을 지루하고 따분하지 않게 여기려면 어떻게 해야 할까요? 재미있는 책을 읽으면 됩니다. 가장 쉽게 찾을 수 있는 것이 이야기책이지요.

이야기책은 재미만 있는 것이 아닙니다. 이야기책을 포함해 여러 문학 작품을 읽는 것은 우리가 경험할 수 없는 세계와 삶을 간접적으로 경험하기 위해서입니다. 좋은 책을 읽는 것은 다른 인생을 경험해보는 것입니다. 살다 보면 항상 좋은 일만 있는 건 아니지요. 힘들 때도 있습니다. 인생은 이러한 문제를 해결하면서 살아가는 과정의 연속입니다. 아이들이 어려서 보았던 이야기의 주인공은 대부분 불우합니다. 콩쥐팥쥐, 소공녀, 엘사와 안나, 신데렐라 모두 어머니를 잃었습니다. 아이들에게 어머니를 잃는다는 건 두려운 일이지요. 아이들은 이러한 상황에 처한 주인공들이 어떻게 고난을 해결해나가는지를 궁금해합니다. 주인공을 통해 극복을 배우고, 용기를 얻습니다. 그리고 자신의 위기도 씩씩하게 넘길 수 있지요. 이야기의 간접경험이 그만큼 중요합니다. 이야기 속에서 자신의 아픔과 슬픔을 발견하고, 타인의 삶뿐 아니라 자신의 삶을 들여다보며 통찰력을 얻습니다. 문학이나 예술은 아름다움과 감동을 생명으로 하는데, 그 아름다움과 감동이 우리의 삶을 풍요롭게 만들어줍니다.

또한 이야기는 아이들에게 다양한 문학적 경험을 제공해 평생 문학에 관심과 흥미를 가지고 책을 가까이하도록 이끕니다. 즉 평생 독자를 만드는 씨앗인 셈이지요. 아이들은 이야기를 읽으면서 이야기의 내용과 자신의 삶을 연결시키고 경험적 배경을 확장합니다.

다양한 이야기를 만나면서 자신만의 안목을 기르며 비평의 싹을 틔웁니다. 또한 자신과 타자의 세계를 더 섬세하게 바라보며 경쟁보다는 연대를, 전쟁보다는 평화와 공존을, 그리고 소수의 그늘을 발견하며 따뜻한 마음과 아름다운 눈을 가질 수 있습니다. 동화가 아름다우면서도 가치 있는 것을 지향하고 감동적이어야 하는 이유도 여기에 있습니다.

생각하는 힘이 커져요

이야기책이 과연 공부에도 도움이 될까요? 물론 이야기책을 통해 새로운 지식과 정보를 배울 수 있습니다. 그림의 여백이나 문장의 행간을 통해 상상하고 예측하고 추론하며 읽을 수도 있습니다. 당연한 듯 여겼던 것을 다시 생각해보는 관점 전환의 계기가 되기도 하지요. 책을 통해 생각한 것만이 아닌 다른 해결 방법이 있음을 알게 되기도 합니다. '진짜 이런 게 가능할까?' '이게 최선일까?' 등 호기심과 의구심을 더하며 재탐색하고 재발견하는 비판적 사고의 계기가 되기도 합니다. 그 결과 깨달음을 얻기도 하지요.

우리가 책을 읽는 진정한 이유는 무엇일까요? 무엇보다 책이 담고 있는 이야기를 이해하되 거기에 자신의 생각을 더하는 것, 궁극적으로는 스스로 생각하는 힘을 키우고자 하는 것이 목적입니다. 그렇기 때문에 책을 읽으면서 혹은 읽고 난 후 "그래서 나의 생각은 뭐지?"라고 묻고 답하는 과정이 필요한 것입니다. "나는 왜 이렇게 느꼈을까?"라는 질문을 통해 자기 성찰도 이루어집니다. '어떤 책이냐?'도 중요하지만 '어떻게 읽어내는가?'도 중요한 것이지요.

우리 아이는 독서 편식이 심해요

부모님들께서 자주 물어보는 것 중 하나가 독서 편식에 대한 것입니다. 독서 편식이 심하다는 말은 한 분야의 책만 좋아한다는 것인데 반면, 한 분야의 책을 깊게 읽으면 스스로 생각하는 힘을 키울 수 있습니다. 독서의 궁극적인 목적이 무엇이라고 했지요? 스스로 생각하는 힘을 키우는 것이라고 했습니다. 독서 편식은 생각하는 힘을 길러주므로 다른 교과 공부를 할 수 있는 힘이 쌓이는 것이기도 합니다.

저희 아이는 판타지 소설 독서 편식이 심했습니다. 그래서 판타지 분야의 책을 많이 사주었습니다. 독서에 대한 관심이 끊이지 않도록 늘 책을 아이 주변에 두었고 책의 난이도를 점차 높여주었어요. 아이는 몇 학년을 앞서는 책일지라도 판타지 분야라면 스스럼없이 읽더라고요. 그렇게 좋아하는 판타지 분야의 책을 읽다 보니 점점 두꺼운 책까지 소화하게 되었습니다. 독서 이해력은 관심 없는 다른 분야의 책도 이해할 수 있는 힘을 길러줍니다. 그러니 너무 걱정하지 마세요. 한 분야의 책만 고집하는 아이에게는 다음과 같은 방법으로 독서 영역을 넓혀주면 됩니다.

첫째, 작가의 다른 작품을 찾아보도록 합니다. 읽은 책이 재미있었다면 그 작가의 후속작이 있는지 살펴보게 되지요. 좋아하는 작가가 생겼다는 건 자신의 세계를 이해해주고 공감해주는 사람을 만났다는 뜻이기도 합니다. 자신이 표현하지 못했던 감정이나 고민을 다룬 작품을 보면 금세 빠져들거든요. 자신의 심리적 지지자로 느껴지는 작가의 다른 책도 보고 싶어집니다.

둘째, 주제와 관련된 다른 분야의 책을 찾아볼 수 있습니다. 스포츠를 좋아하는 저희 아이는 축구동화, 야구동화를 많이 읽었어요. 스포츠가 관심사다 보니 이런 이야기책과 함께 스포츠 선수 이야기, 스포츠 지식 분야 책도 스스럼없이 읽었습니다. 주제가 연결되는 지점에 놓인 책이기 때문에 평소 읽지 않던 분야여도 사전 지식과 경험이 많다 보니 쉽게 익히는 것이지요. 굳이 읽으라고 잔소리하지 않아도 이런 분야의 책을 보이는 곳에 배치해두면 알아서 읽더라고요.

문해력은 짧은 글을 읽고 이해하며, 자신의 생각을 문장으로 쓸 수 있는 정도의 기초적 수준의 읽기와 쓰기 능력뿐만 아니라 추론, 분석, 비판, 해석 등의 사고력을 요하는 읽기, 쓰기 능력까지도 포함합니다.

이야기책에서의 확장 독서를 통해 이해력과 해석력이 높아지고 문해력이 쌓입니다. 7단계 글쓰기 루틴은 문장 안에 사용한 단어에 대한 이해, 문장 안에서 단어의 맥락적인 의미, 글의 메시지를 읽어내고 생각하는 힘을 키워줍니다.

배를 만들려면
바다를 그리워하게 하라

시인 윌리엄 버틀러 예이츠William Butler Yeats는 "교육이란 들통을 채우는 일이 아니라 불을 지피는 일이다"라고 말했습니다. 제가 평소에 마음속 한 줄 문장으로 지니고 있는 말입니다. 교육자로서의 역할을 한 줄로 나타내는 말이 아닌가 싶습니다. 아이들 방에도 가끔 한 줄 문장을 걸어두는데, 이 말이 참 좋았습니다. 무엇을 하든, 아이들이 하고 싶어 하는 것이 제일 중요합니다. 호기심은 우리 뇌의 도파민 보상 체계를 자극해 배움에 대한 내적 동기를 유발하기 때문입니다.

그럼, 독서도 하고 싶게 만들어야 하겠지요? 독서를 긴 호흡으로 하는 동안에 지식을 주입해 더 많이 아는 것을 목표로 한다면 아이들이 독서를 하고 싶을까요? 어떻게 하면 아이들이 독서를 하고 싶게 만들까요?

책으로 놀아요

아이들은 놀이를 좋아하지요. 책을 다시 보고 싶도록 하는 활동을 모두 책 놀이 활동이라고 할 수 있습니다. 다양한 책 읽어주기 활동뿐만 아니라 독서 과정에서 책을 활용한 놀이는 모두 책 놀이입니다. 평소 이런 상호작용 없이 갑자기 책에서 자신의 이야기를 끌어내는 것은 쉽지 않습니다. 책 자체가 생활로 연결되는 경험을 많이 가지는 것이 가장 좋습니다. 책 놀이와 관련된 서적도 많습니다. 저는 준비물을 다양하게 구비해서 일회성으로 끝나는 놀이보다 언제든 할 수 있는 놀이를 좋아합니다. 대단한 준비물이 없이 '입'만으로도 할 수 있는 '말놀이'는 언제든 할 수 있어 더욱 좋습니다.

책이 없더라도 차량으로 장시간 이동하거나, 기다리는 시간 같은 틈새 시간을 활용해 여러 가지 말놀이를 할 수 있습니다. 끝말잇기, 수수께끼 만들기, 다섯 고개 놀이, 첫 글자 놀이 등등 어휘력 향상을 위해 활용할 수 있는 말놀이들이 있지요.

어휘력은 어휘를 아는 것뿐만 아니라, 표현하고 활용하는 능력까지도 포함합니다. 말놀이는 이런 어휘력을 향상시키기 좋습니다. 책을 읽고 책에 나온 주인공이나 사물을 주제로 수수께끼, 다섯 고개 놀이를 연계해 지속적으로 할 수 있습니다. 놀이를 하는 동안에는 부모와 아이가 평등한 위치에서 상호작용할 수 있어 더욱 좋습니다. 가르치려고 하지 말고 같이 즐겨보세요. 책으로 대화하기 위한 밑거름이 되어줄 것입니다. 놀이 자체가 즐거우면 책 읽어주기, 책 대화도 자연스럽게 연결됩니다.

우리 아이 마음 근육

어느 때보다도 예측 불가능한 불확실성의 시대를 살고 있습니다. 세계는 4차 산업혁명으로 점점 더 복잡하게 연결되고 사회가 요구하는 능력 또한 빠르게 변화하고 있지요. 순식간에 이전과는 다른 일상이 '뉴노멀New Normal'로 대체되는 시대를 살고 있습니다. 안정적인 미래를 보장할 수 없는 사회에서 우리 아이들이 자라고 있지요. 이런 사회일수록 외부 환경에 능동적으로 대처할 수 있는 능력이 필요합니다. 살다 보면 어려운 일도 닥치고 실패도 하게 되는 법이지요. 인생이란 이 어려운 순간을 어떻게 받아들이고, 해석하고 의미를 부여하며 이

겨내느냐에 따라 달라집니다. 위인들이 위대한 건 누구나 할 수 없다고 여기는 역경을 이겨냈기 때문이지요. 이들은 회복탄력성이 높습니다. 회복탄력성은 마틴 셀리그만Martin Seligman의 긍정심리학에서 처음 나온 개념입니다. 역경과 시련, 실패, 위기에서 바닥을 치고 튀어오르는 비인지 능력 혹은 마음의 근력을 뜻합니다.

전대미문의 바이러스가 닥치는 상황에서 마음의 근육은 더욱 중요해졌습니다. 단절된 사회에서 스스로를 지켜내고 어려운 상황을 헤쳐나가기 위해서는 회복탄력성이 필요합니다. 회복탄력성을 키우기 위해서는 자기조절능력과 대인관계능력이 중요합니다. 자기조절능력은 어려움에 처했을 때 부정적인 감정을 통제하고 긍정적인 감정을 일으키며, 충동적인 반응을 억제하고, 자신의 상황을 객관적이고 정확하게 파악해 대처 방안을 모색하는 능력입니다. 대인관계능력은 공감 능력과 소통 능력의 사회성입니다. 《회복탄력성》을 쓴 김주환 연세대 심리학과 교수는 '긍정적인 정서'를 키우면 자기조절능력이 강해지고 대인관계능력까지도 좋아진다고 말했습니다.

긍정적인 정서를 키우는 방법으로 '버츄 프로젝트Virtues Project'가 있습니다. 버츄는 시대나 장소, 세대나 계층에 상관없이 누구나 소중하게 여기는 미덕을 의미합니다. 말은 인간의 삶 자체를 이끌어가는 힘이 있습니다. 말은 의사소통의 매체이기도 하지만, 말을 일컬어 '사고의 집'이라고 하듯 생각의 틀을 만드는 역할을 하기 때문입니다.

"말이 바뀌면 인생이 바뀐다"는 명언은 말의 영향력을 단적으로 표현한 것이지요. 긍정적인 언어를 많이 쓰면 삶이 충만해지고 부정적인 언어를 반복 사용하면 학습된 무기력의 증상을 보인다고 합니다. 아이가 미덕을 지키면 칭찬하거나 인정해주는 말을 하세요.

예를 들어 공부에 관심이 없던 아이가 시험 준비를 위해 열심히 노력했다고 합시다. 시험 결과가 좋을 수도 있고 오히려 더 나쁘게 나올 수도 있습니다. 하지만 그 과정에서 늦은 시간까지 열심히 공부한 '열정'과 시험 범위를 끝까지 공부한 '끈기'와 놀고 싶은 마음을 참아가며 노력한 '인내와 목적의식' 등의 미덕을 발견해주세요. 부모가 말해주는 인정의 피드백은 아이가 긍정적인 자아상을 만들어내도록 도와줍니다. '나는 열정과 끈기, 인내와 목적의식이 있는 사람이야'라는 긍정적인 내면화를 하면 이에 맞는 행동을 촉진하게 되고 미덕을 연마해 긍정적인 정서를 갖게 됩니다.

한국 버츄 프로젝트에서 선정한 52가지 미덕

감사, 결의, 겸손, 관용, 근면, 기뻐함, 기지, 끈기, 너그러움, 도움, 명예, 목적의식, 믿음직함, 배려, 봉사, 사랑, 사려, 상냥함, 소신, 신뢰, 신용, 열정, 예의, 용기, 용서, 우의, 유연성, 이상 품기, 이해, 인내, 인정, 자율, 절도, 정돈, 정의로움, 정직, 존중, 중용, 진실함, 창의성, 책임감, 청결, 초연, 충직, 친절, 탁월함, 평온함, 한결같음, 헌신, 협동, 화합, 확신 아이들의 마음 근육을 키우기 위해 제가 쓰는 방법입니다. 여러 가지 미덕 중에 아이들의 일상생활 가운데 이해하기 쉽고, 실천이 필요한 미덕 몇 가지를 아이들과 함께 선정했습니다. 나눔, 성실, 약속, 예절, 인내, 자율, 정직, 협동, 경청, 신뢰, 열정, 우정, 절제, 존중, 책임, 효도, 감사, 공감, 근면, 긍정, 배려, 소통, 용기, 창의입니다.

아이들은 직접 자신이 가지고 있는 미덕과 키워야 하는 미덕을 뽑고 친구가 가지고 있는 미덕도 찾아주었습니다. 이렇게 미덕으로 울타리를 치면 독서 후 각자의 생각을 말할 때도 비난을 줄일 수 있습니다. 상대방이 한 말에 반대 의견을 말하더라도 감정적으로 상처를 주는 행동을 줄일 수 있지요.

학기가 시작될 때 저는 아이들과 함께 자신에게 필요한 미덕을 선정해보았습니다. 그리고 그 미덕들을 책의 주인공과도 연결했습니다. 이 과정을 통해 아이들은 주인공이 가지고 있는 미덕을 찾을 수 있었습니다. 그리고 책을 읽고 나서 단순히 '재미있다' '좋았다' '재미없다' 같은 단순하고 밋밋한 표현을 넘어 더 풍부한 내용을 담아 말하게 되었습니다.

"만복이는 어떤 미덕을 가지고 있을까?"

"배려요. 만복이는 친구가 방귀 뀐 걸 알면서도 친구가 부끄러워할까 봐 모른 척 해주었어요."

수업 후에는 자신에게서 찾은 미덕을 이야기했습니다.

"공부하면서 힘들었지만 인내심을 가지고 끝까지 했어요."

"발표할 때 용기가 없었지만 짝꿍이 발표하는 것을 보고 용기를 받았어요."

학습의 결과만으로 자신의 노력을 과소평가하는 일이 있습니다. 상대적인 결과를 두고 남과 비교하기 때문이지요. 자신만의 미덕을 찾아보는 활동은 자존감을 올려줍니다. 또 친구의 장점도 같이 찾아주고 서로를 인정하게 도와줍니다.

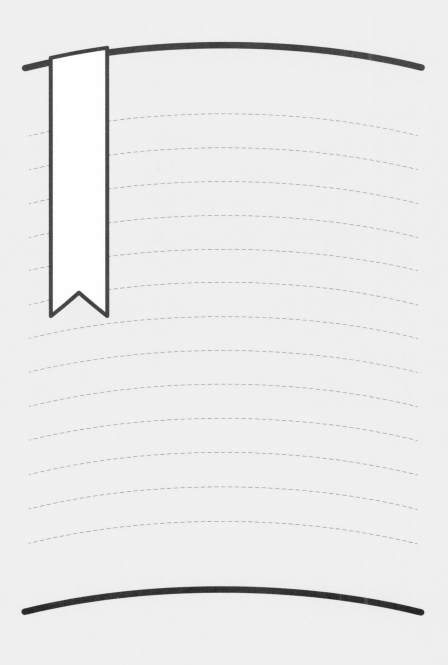

2장

쓰기 루틴으로
문해력 입문하기

학교에서는
어떤 글쓰기를 할까요?

지금 아이들이 배우는 2015 국어 교육과정의 쓰기 영역을 살펴보겠습니다. 큰 윤곽을 살펴볼 수 있기 때문입니다. 학년별로 배우는 내용 중 일부를 나타낸 표입니다. 해당 학년에서 집중적으로 다루되, 연계성을 바탕으로 다른 학년에서도 융통성 있게 다룰 수 있다는 뜻입니다.

이야기책을 읽고 자신의 경험을 돌아보며 성찰하고 자신을 표현하는 글쓰기는 2015 교육과정 성취 기준과도 연관된 글쓰기입니다. 글의 유형으로는 친교 정서 표현의 글쓰기에 해당됩니다. 1~2학년은

초등학교 학년별 쓰기 성취 기준

학년군	성취 기준	
1~2 학년군	[2국03-02]	자신의 생각을 문장으로 표현한다.
	[2국03-03]	인상 깊었던 일이나 겪은 일에 대한 생각이나 느낌을 쓴다.
3~4 학년군	[4국03-03]	시간의 흐름에 따라 사건이나 행동이 드러나게 글을 쓴다.
	[4국03-04]	읽는 이를 고려하며 자신의 마음을 표현하는 글을 쓴다.
5~6 학년군	[6국03-01]	쓰기는 절차에 따라 의미를 구성하고 표현하는 과정임을 이해하고 글을 쓴다.
	[6국03-05]	체험한 일에 대한 감상이 드러나게 글을 쓴다.

학년군별 쓰기 내용 요소

초등학교 1~2학년	• 겪은 일을 표현하는 글
초등학교 3~4학년	• 의견을 표현하는 글
초등학교 5~6학년	• 체험에 대한 감상을 표현한 글

글자 쓰기, 문장 쓰기 등을 통해 한글 해독을 익히고, 인상 깊었던 일이나 겪은 일에 대한 생각이나 느낌을 표현합니다. 이런 글쓰기를 익

학년군별 쓰기 내용 요소

초등학교 1~2학년	• 주변 소재에 대한 글
초등학교 3~4학년	• 의견을 표현하는 글
초등학교 5~6학년	• 설명하는 글 • 주장하는 글

힌 1~2학년 아이들은 3~4학년이 되면 읽는 이를 고려해 자신의 마음을 표현하는 글쓰기로 발전합니다. 1~4학년에서 하는 활동은 자신의 마음을 드러내는 자기 성찰적 글쓰기지요. 글의 종류로 살펴보면 1~2학년은 일기글의 형식으로, 3~4학년은 편지글의 형식입니다. 5~6학년은 기행문, 감상문의 형식으로 글을 씁니다. 이는 단순히 경험을 표현하는 것이 아니라 경험에서 의미를 형성해 글로 써보는 활동으로 나아가는 것입니다. 의미를 구성하는 글쓰기는 쓰기의 본질에 해당합니다. 결국 글쓰기는 의미를 구성하는 방향으로 나아가야 하기 때문이지요.

초등학교에서는 자신의 경험을 통해 삶을 성찰하는 글쓰기만 하지는 않습니다. 논설문, 설명문, 사회보고서, 과학보고서와 같은 의사소통적 글쓰기도 있습니다. 의사소통적 글쓰기는 공적이고 의미가 명

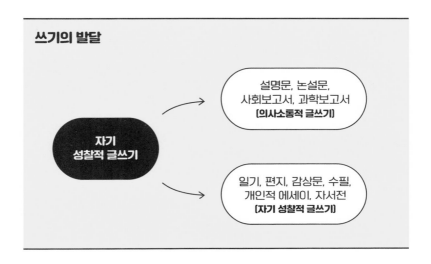

쓰기의 발달

자기 성찰적 글쓰기 → 설명문, 논설문, 사회보고서, 과학보고서 **[의사소통적 글쓰기]**

자기 성찰적 글쓰기 → 일기, 편지, 감상문, 수필, 개인적 에세이, 자서전 **[자기 성찰적 글쓰기]**

시적으로 드러나는 글쓰기입니다. 사람들이 필요로 하는 정보, 알아야 하는 정보 등을 제공하거나, 상대방을 설득하거나 가르치는 등의 목적을 가진 뚜렷한 형식의 글이지요.

여러 종류의 글쓰기 형식을 배우고, 그 형식을 연습할 수는 있지만, 학년이 오른다고 아이들의 글쓰기 실력이 같이 올라가는 것은 아닙니다.

쓰기의 발달 단계를 살펴보면 자기 성찰적 글쓰기가 발달 과정에서 가장 먼저 나타납니다. 이후에 의사소통적 글쓰기가 아이들의 경험 확대와 함께 발달합니다. 초등학생이 자신의 경험을 통한 성찰적, 표현적 글쓰기를 하는 것이 중요한 이유입니다. 글쓰기의 가장 기초가 되는 과정이라서 그렇습니다. 쓰기 능력은 기본적으로 많이 사용하면 할수록 늘 수밖에 없지요. 그러므로 대표적인 성찰적 글쓰기인 일기 쓰기는 초등학교 저학년에만 잠깐 집중적으로 하기보다는 전 학년에 걸쳐 계속 이루어지는 것이 가장 좋습니다.

루틴이
무엇인가요?

루틴을 사전에 검색하면 다음과 같은 설명을 찾을 수 있습니다. "운동 선수들이 최고의 운동 수행 능력을 발휘하기 위해 습관적으로 하는 동작이나 절차. 예를 들어 어느 한 선수가 경기 세 시간 전부터 운동장을 꼭 15바퀴 뛰고 체조를 한다거나, 운동장의 선을 밟지 않고 선수 대기실로 들어가는 것 등이 이에 해당된다." 옥스퍼드 영한사전에서는 다음과 같이 표기하고 있습니다. "규칙적으로 하는 일의 통상적인 순서와 방법." 루틴은 반복적인 패턴, 습관이라고 볼 수 있습니다. 요즘 루틴이라는 말을 자주 사용하지요. 운동과 관련해서는 손흥민 선수도 루틴이 있다고 합니다. 손흥민 선수는 여덟 살 때부터 열여섯 살 때까지 매일 여섯 시간 기본기만 연습했다고 합니다. 왼발, 오른발 가리지 않고 하루 1,000개가 넘는 슈팅을 하고, 줄넘기 2단 뛰기를 수천 번 뛰었다고 합니다. 경기 전에도 독특한 루틴이 있다고 합니다. 오른발로만 선을 밟고 경기장을 밟는다고 해요. 비단 운동만 루틴이 있는 것은 아니지요. 테슬라의 CEO 일론 머스크Elon Musk는 일정을 5분 단위로 쪼개서 계획하고 관리하는 습관이 있다고 해요. 통화보다는 이메일로 소통하는 것을 좋아하는데 일정을 방해받는 게 싫어서라고 합니다. 그 외에 많은 유명인이 루틴을 갖고 있다고 해요.

우리는 일상생활에서 이미 여러 루틴을 알게 모르게 만들어나가고 있지요. 운동뿐만 아니라, 일상생활에 스며들고 있는 루틴을 독서에도 적용해보았습니다. 예전에는 책을 읽고 나면 학습지나 독후 활동으로 그림을 그리거나 독후감을 썼어요. 내용이나 의미를 파악하는 활동보다는 상상 활동이나 단순 독후 활동을 많이 했습니다. 독서를 하고 나면 '어떤 활동을 하지?'가 고민이었지요. 단순 활동이나 학습지만으로는 글을 온전히 이해하기가 어렵습니다. 글을 온전히 이해하는 능력을 키워주는 독서 루틴이 필요합니다. 독서 루틴은 꼭 읽기 도중에 확인하고 점검하고 넘어가야 하는 활동으로 이루어진 것은 아닙니다. 독서 내내 행해지는 지속적이고 반복적인 패턴입니다. 이런 반복적인 패턴이 곧 독서 습관으로 이어집니다.

저는 독서를 하면서 밑줄 긋는 습관이 있습니다. 마음에 와닿거나 기억하고 싶은 문장이 나오면 자연스럽게 볼펜으로 줄을 긋게 되더군요. 줄뿐만 아니라 떠오르는 대로 메모를 적어둡니다. 그래서 책 여기저기에 낙서 자국이 즐비합니다. 책에서 꼭 기억해두고 싶은 것이 있다면 앞쪽이나 뒤쪽에 적어둡니다. 다음에 찾고 싶을 때 앞쪽이나 뒤쪽을 살펴보면 핵심 내용이 한눈에 들어오지요. 이것이 저의 루틴입니다. 이런 루틴이 책을 읽을 때마다 반복되지는 않습니다. 어떨 때는 편안하게 읽기도 하고, 어떨 때는 메모를 많이 하기도 하고, 어떨 때는 관련 자료를 찾아보기도 합니다. 항상 고정적이지는 않지만 일종의 패턴이 있습니다. 그 안에서 유동적으로 가감해가면서 자신만의 독서 루틴을 만듭니다. 그중에서 유독 자신에게 편하고 잘하는 부분은 좀 더 많이 하고 강화되는 경향이 있겠지요. 우리 아이의 독서 루틴도 마찬가지라고 봅니다. 온전히 책을 소화하기 위한 일종의 독서 패턴이 있다면 좋겠지요. 우리 아이의 눈높이에 맞추어서 독서를 안내하다 보면 어느 순간 일종의 패턴이 형성됩니다.

문해력을 위해
루틴이 필요한 이유

2015 교육과정에는 한글 교육 시간이 70여 차시로 최근 몇 년간 확장되었습니다. 하지만 초등학교 1학년에 갓 입학하는 아이들의 읽기 능력에는 상당한 개인차가 있습니다. 읽기 능력의 차이를 나타내는 용어를 살펴볼까요?

읽기 부진

흔히 학년 수준을 기준으로 아동의 읽기 능력이 정상적인 읽기 발달 수준보다 1년 이상 뒤처진 경우를 가리킨다. 천경록은 기초 기능기(초등 3, 4학년)로부터 읽기 능력이 정상적인 발달에 비해 1년 이상 지연된 경우를 교정 읽기의 대상으로, 2년 이상 지연된 경우를 치료 읽기의 대상으로 구분했다.

읽기 장애

읽기 장애는 학습 장애의 한 유형이다. 읽기 장애는 아동이 읽기에서 예상치 못한 어려움을 겪는 경우에 초점을 맞춘다. 신체적으로나 정서적 혹은 지능적으로 장애가 없으면서도 읽기 능력과 관련된 개인적 특성 때문에 읽기에 어려움을 겪을 때 읽기 장애로 판정하는 것이 보통이다. 최근에는 아이들 대부분에게 효과가 입증된 프로그램을 투입했음에도 불구하고 지속적으로 읽기 곤란을 겪는 경우 역시도 읽기 장애라고 본다.

난독증

난독증은 일반적인 교실 수업 경험을 함에도 읽기, 쓰기, 철자와 같은 언어 기능에서 지적인 능력에 비례하는 성취를 이루지 못하는 아이들에게서 보이는 장애, 또는 개인의 읽기 능력, 쓰기 능력, 철자 능력, 그리고 경우에 따라 말하기 능력을 방해할 수 있는 학습 장애 같은 정의가 대표적이다. 난독증은 일찍 치료할수록 그 결과가 좋지만 늦은 경우에도 난독증을 지닌 사람이 언어 기능을 학습하는 것이 불가능하지는 않다고 본다. 난독증은 시각이나 청각 자체의 문제가 아니며 지적 장애, 뇌 손상, 지능의 결손으로 인해 발생하는 것도 아니다.

-엄훈 《학교 속의 문맹자들》

1970년대 뉴질랜드에서는 읽기 수준이 최하위인 아이들을 위해 개별 읽기 프로그램인 리딩 리커버리 Reading Recovery를 운영했습니다.

1학년 학급의 최하위 수준 학생들을 위한 집중적인 일대일 프로그램으로 목표는 아동 맞춤형 수업을 하루 30분씩 매일 한 학기 내내 진행하여 최하위 학생들의 읽기 수준을 중간 수준까지 끌어올리는 것입니다.

요즘에는 학교에 입학하면서 시작하는 입문기 문자 교육이나 한글 교육, 기초 문식성 교육을 초기 문해력 교육이라고 합니다. 아동의 초기 문해력을 향상시키기 위한 1, 2학년 읽기 따라잡기 프로그램도 리딩 리커버리에서 비롯되었습니다. 읽기 따라잡기 프로그램이란 학급에서 읽기 수준이 최하위 20%에 속하는 1,2학년 학생을 위한 초기 문해력 증진 개별화 교육입니다. 1회 30분을 기준으로 60~100회 정도 실시됩니다.

단순히 글자를 읽고 낱말의 의미를 안다고 해서 읽기가 되는 것은 아닙니다. 읽기의 한 부분이 될 수는 있겠지만, 본질은 아닙니다. 읽기의 본질인 메시지를 획득하기 위한 독서가 필요합니다. 의미와 관련된 읽기를 할수록 그 능력은 증대됩니다. 읽기 능력이 향상될수록 쓰기도 영향을 받게 됩니다. 스스로 독서하는 습관을 익힐수록 더 좋아지겠지요. 루틴으로 만들어갈 수도 있습니다. 이렇게 패턴화된 반복적인 읽기와 쓰기로 만들어진 독서 성공 경험이 문해력을 갖춘 독립 독자, 평생 독자로 이끄는 힘이 됩니다.

왜
쓰기 루틴인가요?

다산 정약용은 마구잡이로 읽기만 하는 독서는 아무것도 읽지 않는 것과 다를 바가 없다고 했습니다. 책을 읽으며 모르는 글자를 만난다면 널리 고찰하고 세밀하게 연구하고 그 근본 뿌리를 파헤쳐 글 전체를 이해할 수 있어야 한다고 했지요. 이렇게 책을 읽으면 책의 의리를 꿰뚫는 것이니 책 한 권을 읽더라도 수백 권의 책을 엿보는 것과 같다고 말했습니다.

아이들이 스스로 세밀하게 연구하고 근본 뿌리를 파헤쳐 글을 읽기 위해서는 단계별 안내가 필요합니다. 본질적인 이해에 도움을 주는 단계적 활동을 루틴으로 반복함으로써 적극적인 독서를 체화할 수 있게 됩니다.

루틴은 필터 역할

소리나 음악은 둘 다 우리 귀로 들어옵니다. 둘 다 음파가 이동해서 고막을 진동해 만들어지지요. 하지만 우리가 받아들이는 정도는 다릅니다. 소리는 그냥 스쳐 지나가지요. 음악은 분위기나 리듬과 가락에 따라 감성에 영향을 주고, 좋은 음악은 계속 흥얼거리게 됩니다.

7단계 글쓰기 루틴은 소리를 음악으로 만들 수 있습니다. 문해력을 높이기 위해 여러 가지 단편 지식에서 중요한 내용을 뽑아내고, 본질적인 이해를 돕기 위해 편집과 생략, 수정, 삭제를 거칩니다. 7단계 글쓰기 루틴은 잡음을 걸러내는 필터 역할도 합니다. 본질적인 문해력에 도움이 되지 않는다면 배제할 수밖에 없습니다. 단편적인 지식 습득은 아무리 많아도 도움이 되지 않습니다. 잠시 머물다 지나가는 지식입니다.

읽기만 해서는 생각이 흩어져버립니다. 7단계 글쓰기 루틴은 나와 연결되는 삶의 배움을 만드는 과정입니다. 나에게 융합되어 언제든지 빼내어 쓸 수 있는 배움을 얻기 위한 활동으로 이루어진 것입니다. 책이 내 삶의 스토리가 되고, 내 삶에 적용될 때 진정한 문해력이 생깁니다. 판독 – 독해 – 해석의 과정을 거치면서 쓰기를 통해 생각이 한곳으로 귀결되는 적극적인 독서가 필요합니다.

과정의 깊이가 곧 성장의 차이

"진구가 발표를 하면서 덜덜덜 떠는 모습을 보고 친구들이 덜덜이라고 계속 놀리니 참 괴로울 것 같아요."

"진구가 무대 위에서 씩씩하게 나서는 모습이 너무 멋있었어요."

책을 읽으면서 발견하는 과정의 깊이가 곧 성장의 차이로 이어집니다. 우리는 흔히 영화나 소설, 음악 속으로 '빨려 들어간다'는 말을 합니다. 이는 작품 속 인물에 대한 공감을 바탕으로 이해하고 반응할 때 일어나지요. 책을 읽으면서 책 속 세계와 현실 세계를 연결하고, 자신을 발견하고 이해하는 것이 독서의 목표입니다.

하지만 같은 책을 읽어도 반응에는 차이가 있습니다. 책에 흠뻑 빠져서 읽다 보면 주인공이 자신처럼 느껴집니다. 주인공과 같은 기분을 느끼면서 책을 읽게 됩니다. 이게 동일시지요. 이러한 느낌이 자연스럽게 따라올 것 같지만, 아이들의 반응은 모두 다릅니다.

"선생님! 다 읽었어요."

국어 시간이든 사회 시간이든 교과 시간에는 읽을 제재들이 많습니다. 수업 시간에는 내용 이해를 위해 해당 차시의 내용을 읽을 필요가 있습니다. 스스로 읽든 짝과 함께 읽든 모둠 혹은 반 전체 협력으로 읽든, 내용을 읽습니다. 읽는 속도도 모두 다르고, 읽는 방법도 모두 다릅니다. 좀 더 내용을 음미하며 읽었으면 좋겠지만, 바람은 바람일 뿐입니다. 저는 아이들이 쓱 읽어버리는 것을 예방하기 위해 읽기 미션을 주기도 했습니다.

첫째, 꼭 소리 내어 읽어야 하는 핵심 낱말을 정합니다. 눈으로 읽다가 핵심 낱말이 나오면 소리 내어 읽는 것이지요.

둘째, 흉내 내는 말이 나오면 그 말을 몸으로 나타내며 읽습니다. 이렇게 미션을 주면 눈으로 열심히 낱말을 찾습니다. 그리고 두세 번 더 읽으면서 열심히 찾고, 미션 읽기를 합니다.

셋째, 인물들이 하는 대사를 나누어 읽습니다. 자신이 맡은 역할의 대사를 읽으면서 미리 대사를 찾기 위해 눈으로 읽을 시간을 달라고 하지요. 따로 말하지 않았는데도 두세 번 읽으며 열심히 찾고 미션 읽기를 합니다. 읽기 자체에 집중하는 모습을 보입니다. 적극적인 읽기를 하게 되지요.

미션 읽기를 하는 동안 아이들은 정말 즐거워합니다. 그전에는 1, 2분 안에 후딱 읽고 말던 친구들도 얼마나 책을 더 읽으려고 하는지요. 미션 읽기를 하면 그날 학습 목표에 도달할 활동을 다 하지 못하는 경우도 제법 있습니다. 왜냐고요? 읽기 시간이 부족하다고 시간을 더 달라고 하기 때문이죠. 하지만 내용을 이해했는지에 대한 의문은 여전히 남아 있습니다.

여기에서 눈치채셨나요? 그저 읽기만을 강요했을 때와 능동적 읽기를 했을 때의 차이를요? 그저 읽기만 하는 건 수동적 행위입니다. 글쓴이의 논리 줄기를 따라 읽어내려가면 이해의 폭을 넓히게 됩니다. 글쓴이가 깔아놓은 복선, 상징, 은유를 들춰내고 책에 좀 더 깊이 빠져듭니다.

평소 궁금했던 질문이나 본인이 가진 문제점 또는 고민을 해결하기 위해 책을 읽는다고 생각해볼까요? 자신의 고민 또는 질문이 나오는 중요한 부분이나 와닿는 부분은 몇 번씩 반복해서 읽게 되겠지요. 능동적인 읽기가 되는 겁니다. 성인이 되어서도 능동적으로 책을 읽을 수 있다면 우리 아이들은 삶의 문제를 위해 책을 읽을 줄 아는 평생 독자가 될 수 있습니다.

그렇다고 해서 우리 친구들이 읽는 교과서에 나오는 글이 모두 개인적인 질문을 해결해주거나 자신의 고민과 연결되는 제재는 아닙니다. 이러한 글을 읽을 때도 능동적인 읽기를 가능하게 해주는 것이 '쓰기 위해 읽기'입니다.

읽기가 수용이라면 쓰기는 의미의 창조입니다. 쓰기는 생각을 정리해 다른 사람에게 전달하는 행위입니다. 쓰기는 읽기 못지않게 어렵고 쉽게 늘지 않아요. 쓰기는 능동적인 행위이기 때문에 능동적 쓰기를 하기 위해서는 글을 제대로 이해해야 하지요. 글을 제대로 읽지 않고 어찌 글을 쓸 수 있겠습니까? 단편적인 사실 몇 개만으로는 글을 쓸 수 없습니다. 자연스럽게 연결되는 글이 나올 때 제대로 아는 것이고 배움입니다. 잘 읽어야 잘 쓸 수 있습니다.

쓰기가 부담이 되어 읽기에 방해가 되면 안 되겠지요. 그래서 읽으면서 의미를 파악하는 문해력을 키우기 위해서는 쓰기에도 루틴이 필요한 겁니다. 쓰기를 위한 읽기를 하면 좋은 점이 있습니다.

첫째, 진정한 배움이 된 내용을 오랫동안 기억할 수 있습니다. 집중해서 읽은 데다 글을 쓰기까지 했으니 나중에 비슷한 주제를 다룬 책을 읽거나 더 어려운 책을 읽을 때 쉽게 이해가 됩니다.

둘째, 우리는 읽기만 하고 끝나는 교육을 받아왔습니다. 실제로 아는 것을 술술 말할 수 있는 분야가 크게 없죠. 하지만 글을 쓰면 머릿속에 떠오른 단편적 지식이 이야기가 되어 엮입니다. 자신만의 이야기로 풀어낼 수 있다는 것 자체가 자신만의 배움이 되었다는 것입니다.

셋째, 좋은 글을 읽고 글을 쓰면 좋은 문장에 노출됩니다. 잘 쓴 사람의 글을 탐미하듯 읽고 익숙해진 문장은 좋은 글의 바탕이 됩니다. 초등학교 2학년 아이를 대상으로 쓴 글을 분석해보면 아이들이 읽었던 글의 특징이 반영되어 있다고 합니다. 한 부류의 아이들에게는 단순한 구조의 문장으로 구성된 문학작품을 읽게 하고, 한 부류의 아동들에게는 복잡한 구조의 문장으로 구성된 글을 읽게 했습니다. 그런 다음 글을 쓰게 했더니 자신들이 읽었던 문장구조를 반영했습니다.

단순히 읽는 데만 그치지 말고 쓰기 위해 읽으면 좀 더 글에 빠져들 수 있습니다. 그럼 이제부터 흩어진 아이들의 생각을 하나로 모아주고 능동적인 독서로 이끄는 '7단계 글쓰기 루틴'을 자세히 알아보도록 하겠습니다.

7단계 글쓰기 루틴 한눈에 보기

7단계 글쓰기 루틴이 무엇인지 살펴볼까요?

1단계 **밑줄 긋기**

밑줄 긋기는 가장 쉽게 할 수 있는 전략입니다. 핵심 어휘나 중요 문장에 밑줄을 칩니다. 또는 바로 이해되지 않아서 다시 한번 확인할 어휘나 인상적인 부분에 밑줄을 긋습니다.

2단계 **문장 수집하기**

책을 읽고 마음에 드는 문장을 찾아서 씁니다. 이렇게 쓰는 것만으로도 좋은 문장에 노출됩니다. 좋은 문장을 많이 접하는 것은 글쓰기에도 영향을 줍니다.

3단계 **독서 노트 쓰기**

독서 노트를 따로 만들지 않고 책 여백이나 포스트잇을 사용해보세요. 책을 읽는 도중 스치듯 지나가는 생각이나 감상을 적습니다. 또 마음에 드는 부분이나 인상 깊었던 부분에 대한 이유를 적어도 좋아요. 그밖에 새로운 아이디어를 적거나 사색 질문을 적는 방법도 있습니다.

4단계 요약하기

중요한 내용에 밑줄을 긋고 번호를 붙입니다. 그리고 번호를 없앤 뒤 알맞은 접속사를 넣어서 문장을 요약합니다.

5단계 생각 정리 글쓰기

책을 읽는 동안 인상 깊었던 장면과 관련된 경험을 간단하게 적어둡니다. 또는 공감 가는 부분을 찾아 메모해도 좋습니다. 이러한 메모가 글을 쓰기 위한 좋은 자료가 됩니다.

6단계 배움 정리 글쓰기

핵심어 찾기, 책에서 배운 점, 느낀 점, 실천할 점, 아쉬운 점 등을 정리합니다. 학습 경험에 대한 느낌, 궁금한 것을 정리해 글로 표현해보는 성찰 일지로 의미를 구성합니다.

7단계 쓰기 루틴 만들기

1~6단계를 활용하여 자신에게 맞는 글쓰기 루틴을 만들어봅니다.

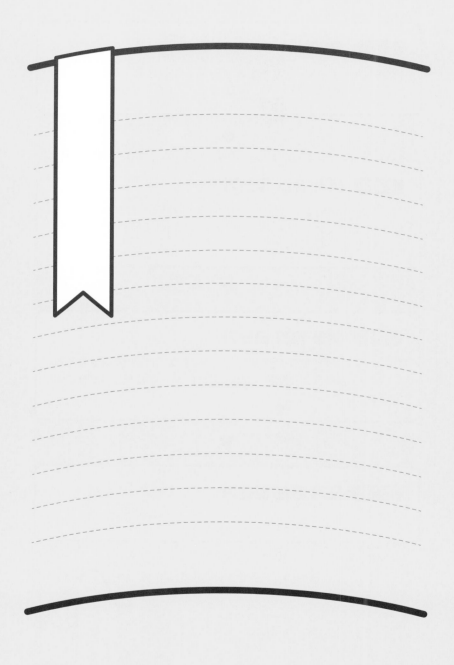

1~4단계로
문해력
쑥쑥 키우기

왜 1~4단계 루틴으로
문해력을 키워야 할까요?

책을 읽는 것은 글자를 읽는 것과는 분명 다르지요. 책에 쓰인 내용을
이해해야만 비로소 책을 읽었다고 할 수 있습니다. 책 속 내용을 통해
줄거리, 주인공, 주제를 인지하고, 등장인물 간의 갈등 혹은 문제 상황
을 해결해나가는 과정을 배우며 다음에 어떤 일이 일어날지 예측하면
서 이해력이 증진될 수 있습니다. 이 과정이 글쓰기 루틴 1단계에서
4단계를 거치는 동안 일어납니다. 글을 분석하고 이해하며 독해 능력
이 향상되는 것이지요.

어떻게 1~4단계가 이해, 독해 능력을 향상시킬까요?

훌륭한 읽기와 쓰기는 글을 읽고 기존의 경험과 지식 사이의 관련성을 기반으로 의미를 창조하는 생산적인 인지 과정입니다. 읽기와 쓰기는 문자 언어를 기반으로 하며 의미 구성 과정이 비슷하다는 측면에서 분리된 활동이 아닙니다. 읽기와 쓰기는 학습을 통해 더 효율이 오를 수 있는 영역입니다. 비슷한 사고의 과정을 거치기 때문에 통합해서 교육하면 더 효율적이라고 하지요.

독자는 글쓴이의 글을 읽으면서 자신의 경험과 지식을 바탕으로 이해하고, 글쓴이의 의도와 표현 방법을 자신만의 내용으로 재구성합니다. 또한 글쓴이는 글을 쓰면서 예상 독자를 고려해 글의 내용을 생성, 조직하며 글을 쓴 후에도 점검의 과정을 거치면서 계속 수정해나갑니다. 이와 같은 읽기와 쓰기의 과정이 사고 과정이라고 할 수 있습니다. 즉 읽기와 쓰기는 둘 다 문자 언어를 기반으로 한 의미 구성 과정이며, 이때 글쓴이와 독자의 사고 작용이 일어난다는 관련성을 가지고 있습니다. 이러한 관련성을 바탕으로 읽기의 사고 과정을 학습하는 것은 곧 쓰기의 사고 과정을 학습하는 것이 되며, 쓰기의 사고 과정을 학습하는 것은 곧 읽기의 사고 과정을 학습하는 것이 됩니다.

쓰기 위해 읽기를 하는 1~4단계를 통해 읽기와 쓰기의 사고 과정에 대한 학습이 더 효과적으로 이루어집니다. 한 편의 글은 작가가 지금까지 읽어왔던 글을 바탕으로 해 글의 의미를 재구성한 것입니다. 우리가 글을 읽고 쓰는 능력이 커진다는 것은 이미 우리가 그와 비슷한 글을 접하거나 써보았기 때문입니다. 읽기는 또 다른 쓰기가 내재되어 있는 읽기이며, 쓰기는 앞으로의 읽기를 위한 쓰기라고 생각할 수 있겠지요.

읽기 능력을 신장할 목적으로 적절한 쓰기 활동을 했더니 읽기 능력이 의미 있게 신장되었다고 합니다. 쓰기 능력을 신장할 목적으로 읽기 활동을 했더니 문법을 포함한 쓰기 능력에 많은 도움이 되었다고도 하고요. 1~4단계를 활용하면 쓰기 능력뿐만 아니라 기초적인 글 분석, 이해, 독해 능력까지 향상됩니다. 자연스럽게 글을 이해하는 기초적인 문해력이 함양됩니다.

밑줄 긋기

도이 에이지는 《그들은 책 어디에 밑줄을 긋는가》에서 "단 하나의 밑줄이라도 그을 수 있다면 책값을 충분히 회수하고도 남는 성과다"라고 말했습니다. 다음은 제가 책을 읽으며 밑줄 친 문장들입니다. 이외에도 많은 밑줄이 있지만, 교육자로서의 일을 명확하게 보여주는 문장이라 여기고 가슴속에 품고 다닙니다. 책에서 그은 밑줄이 이렇게 삶에 영향을 주기도 하지요.

그는 먼 길을 지나 이 푸른 잔디밭에 이르렀다. 그리고 그의 꿈은 너무나 가까이 다가와 있어서 그걸 놓치는 일은 거의 있을 수 없어 보였다.

– 스콧 피츠제럴드 《위대한 개츠비》
마이크로소프트 창업자 빌 게이츠의 밑줄 문장

푸르고 미숙하기 때문에 성장할 수 있다. 성장하는 순간부터 부패가 시작된다. 과감하게 남들보다 먼저 뭔가 다르게 하라. 세상 어느 것도 끈기를 대신할 수는 없다.

– 레이 크록 《사업을 한다는 것》
유니클로 야나이 다다시 회장의 밑줄 문장

당신이 배를 만들고 싶다면 사람들에게 목재를 가져오라고 하거나 일감을 지시하지 말라. 대신 그들에게 바다를 그리워하고 꿈꾸게 하라.

– 생텍쥐페리

밑줄만 그어도 도움이 되나요?

밑줄 긋기는 가장 쉬운 읽기 전략입니다. 정보가 넘쳐나는 정보화시대에는 정보비평가나 해설자가 반드시 있어야 한다고 하지요. 마찬가지로 책 속 엄청난 양의 정보 사이에서 정보를 처리하기 위해 탐색과 선택의 과정을 거치면서 밑줄을 긋게 됩니다. 보통 편하다는 이유로 학습량을 줄여준다는 이유로 밑줄 긋기를 사용합니다. 책을 읽다가 핵심 내용이라고 생각하는 부분을 발견하면 기억하고 싶다는 생각이 들지요. 일단 밑줄을 그으면 주의 집중을 하게 되는 효과가 있습니다. 이것뿐일까요? 밑줄을 긋는 동안 그 내용을 머릿속에 한 번 더 각인합니다. 밑줄을 그음으로써 학습 내용을 선택하고, 기억 구조로 전환하게끔 도와주어서 학습한 내용을 잘 이해할 수 있게 해줍니다. 밑줄을 긋는다는 것 자체가 적극적으로 책 속 내용과 나를 연결하는 행동입니다. 어디에 밑줄을 그을지 생각하면서 읽을 때 비로소 적극적인 독서 행위가 시작되는 거지요. 그러니 학습 전략으로서도 중요한 역할을 하는 것입니다.

한 연구에서 상위권 25%, 하위권 25% 집단에 밑줄 긋기 전략을 활용한 후 글 이해 능력을 파악한 결과 밑줄 긋기를 한 집단에서 성취도가 더 높게 나타났습니다. 글의 유형에 있어서는 설명문이 수필문보다 더 높은 성취도를 나타냈고, 상위 집단보다는 하위 집단에서 더욱 유의미한 효과를 나타냈다고 합니다. 이것은 효과의 차이가 더 큰지 적은지를 나타내는 것일뿐, 요지는 밑줄 긋기가 유의미한 읽기 전략이라는 것입니다.

별생각 없이 학교 도서관에서 책을 빌려서 읽었습니다. 그런데 그전에 읽은 사람들의 흔적이 있더라고요. 읽다 보니 많지도 않은 밑줄이 자꾸 눈에 들어옵니다.

'와! 핵심 부분이 눈에 쏙쏙 들어오는구나!'

정말 필요한 부분만 밑줄을 그어놓은 거예요. 누가 밑줄을 그었는지 정말 궁금했습니다. 밑줄을 그은 사람은 아마도 배경지식이 풍부해 자신의 이해를 바탕으로 정말 필요한 곳에만 밑줄을 표시해놓았더라고요. 똑같은 책을 읽어도 이해의 깊이는 다릅니다. 밑줄 긋는 부분도 다르다는 거지요. 이런 결정적인 차이를 초래하는 것이 기초적인 이해 능력입니다. 자기주도학습이 되는 친구들은 이러한 능력을 갖추었기 때문에 가능한 것입니다. 교과서에 밑줄 친 것만 보면 어느 정도 이해했는지 이해하지 못했는지를 알 수가 있습니다. 이해를 한 학생의 경우에는 핵심 내용에 밑줄을 치고, 그렇지 못한 학생은 중요하지 않은 곳까지도 밑줄을 치곤 합니다. 심지어 거의 처음부터 밑줄이 빽빽한 친구들도 있지요.

그럼 어디에 밑줄을 그어야 할까요? 실제로 밑줄을 긋기 위해서는 내용을 선택하기 위해 판단을 내려야 하고, 책 위에 영원히 남기 때문에 용기도 필요합니다. 밑줄을 긋고 나면 다른 사람이 볼 수 있다는 생각에 부끄러운 마음도 살짝 들죠. 중요한 내용에 밑줄을 그으라고 하는데, 중요한 내용을 잘 몰라서 당황할 수도 있습니다. 보통은 예시 자료나 부연 설명보다는 일반적이고 추상적인 문장이나 요약된 개념에 밑줄을 긋는 게 효과적이라고 합니다. 그리고 전체의 20%에 해당되는 부분에 밑줄을 그었을 때 효과적이라고 합니다. 사회, 과학 등 교과서에 밑줄을 그어서 중요한 내용을 찾아 암기하는 건 갑자기 학년이 올라간다고 되는 건 아닙니다.

어디에 밑줄을 그어야 할까?

첫째, 핵심 어휘에 밑줄을 칩니다. 핵심 어휘라고 하면 학생들은 이해하기가 쉽지 않습니다. 이제 막 내용을 이해하려고 책을 읽는 와중에 핵심 어휘를 찾는 것이 와닿지 않지요. 설명문이나 논설문의 경우 핵심 어휘는 글 속에서 나오는 빈도수가 높습니다. 글의 내용과 관련돼 자주 나오는 낱말이 핵심 어휘일 가능성이 높습니다.

둘째, 중요한 문장에 밑줄을 칩니다. 중요한 문장은 핵심 어휘를 포함하며 글쓴이의 생각을 담고 있는 문장입니다. 논설문의 경우에는 글의 앞머리나 마지막에 나오는 경우가 많습니다. 문학의 경우에는 글 속에 함축적으로 드러나 있는 경우가 많아 전체의 흐름을 모두 파악해야 찾을 수 있는 경우가 많습니다. 예전에는 글쓴이가 전하고자 하는 주제를 파악하는 데 주력했지요.

셋째, 마음에 드는 문장, 좋은 문장에 밑줄을 칩니다. 글의 바른 이해를 바탕으로 해석은 글을 읽은 사람에게 달려 있습니다. 책을 읽은 사람은 책에서 필요한 부분을 추려내 자기 것으로 만들어야 합니다. 단지 내용만을 요약해서 안다는 것은 무의미하지요. 책을 통해 무엇을 얻었는가? 책의 내용이 아니라 책을 읽은 나의 변화를 중점적으로 느껴야 합니다. 지금의 나는 부족한 부분이 있고 그 부분을 채우기 위해 독서를 하기 때문입니다. 읽는 이가 글쓴이와 똑같은 주장을 해봤자 무슨 의미가 있을까요? 본인에게 도움이 안 되는 것이지요. 단 한 줄이라도 좋으니 내게 도움이 되는 부분에 밑줄을 긋고, 그 한 줄이 몸에 배도록 하는 것이 좋지요. 이 한 줄은 사람마다 다르게 와닿을 수도 있습니다. 이유도 다를 것입니다. 한 줄이라도 내 것으로 만든다면 그 책은 내게 가치 있는 한 권의 책이 됩니다.

넷째, 즉각적으로 이해되지 않아 다시 한번 볼 어휘와 문장에 밑줄을 칩니다. 나의 사고는 내가 알고 있는 어휘의 범위를 벗어날 수 없습니다. 생각이 어휘로 표현되기 때문입니다. 어휘가 곧 생각이지요. 어휘의 폭이 넓으면 넓을수록 사고도 확장됩니다. 내용을 잘 이해하기 위해서는 어휘를 잘 알아야 합니다. 세상 모든 공부의 핵심은 어휘력에서 출발하기 때문입니다. 어휘를 향상시키기 위해서는 사전을 찾아보면서 정확한 의미를 이해하는 것이 가장 좋습니다.

다섯째, 인상적인 부분에 밑줄을 칩니다. 문학을 읽으면서 특별히 와닿는 부분이 있습니다. 유독 와닿는 부분은 자신이 겪은 경험과 유사하거나 성장기에 누구나 겪을 법한 경험이거나 자신의 내면에서 그

> 아무도 만복이와 놀아 주지 않았고, 만복이만 나타
> 나면 친구들도 슬금슬금 자리를 피했어. 만복이는 너
> 무 속상해서 눈물이 나올 것 같았어. 왜 그렇게 입만

> '아이. 때리려고 그런 게 아닌데…… 만복이가 또
> 코피 나잖아. 정말 아프겠다. 난 왜 이렇게 만날 사고
> 만 치지. 난 정말 나쁜 애야.'

▲ 아이들이 책에 그은 밑줄

부분에 대해 끌어낼 내용이 있다는 것입니다. 사실 이런 부분에서 자
신만의 이야기가 나오기 쉽습니다. 바로 자신의 글을 쓸 수 있게 하는
부분이지요.

이해되지 않는 어휘는 어떻게 하나요?

언어심리학에서는 이렇게 말합니다.

"한 사람이 소유하고 있는 어휘의 총체가 그 사람의 성격과 가치
관을 결정한다."

어휘력이 풍부한 사람은 자신의 감정과 의사를 상대방에게 정확

하게 전달합니다. 대체로 어릴 때는 가정환경의 영향을 많이 받지만, 초등학교 3~4학년이 되면 독서량과 읽은 책의 종류에 영향을 받게 됩니다. 책을 읽을 때 만나는 어휘는 읽으면서 학습됩니다. 독서량이 많은 아이는 다양한 어휘를 알게 되고, 읽은 책에 따라 사용 어휘가 달라집니다. 학습된 어휘는 두뇌와 의식에 자리 잡고 감정과 생각을 조정합니다. 이 때문에 인간은 자신의 머릿속에 저장된 어휘만큼만 이해하고 느끼고 생각하고 행동하게 되는 것이지요.

아이를 키울 때, 사전을 두었던 적이 있습니다. 단어 그림 사전, 국어사전, 백과사전뿐만 아니라 전자사전까지. 요즈음에는 궁금한 것이 있으면 대화 도중에 가르쳐주기보다는 바로바로 사전을 찾아보라고 하며 어휘에 노출시키려고 노력 중입니다.

식사 도중에 이런저런 이야기가 나왔습니다.

"신문기사에서 혹평을 했더라."

"호평? 혹평?"

아이가 의아해합니다. 혹평이라는 단어를 잘 모른다는 뜻이지요.

"혹평도 있고, 호평도 있지. 무슨 뜻일까?"

바로 알려주지 않습니다. 최대한 정확한 뜻을 알려주고 싶어서 먼저 물어봅니다. 아이가 추측하게 한 다음 스마트폰 어플이나 사전을 찾아서 알려주면서 다음 이야기를 나눕니다. 반대의 뜻을 가진 '호평'도 함께 알려주지요. 아이들과 대화를 나누다 보면 의외로 알 것 같은 어휘도 잘 모르는 경우가 많습니다. 그래서 '사흘'이 인기 검색어가 된 게 아닐까요? 요즘은 이야기하다가 알 듯 말 듯한 낱말이나 사자성어가 나오면 누가 먼저랄 것도 없이 바로 검색부터 하게 되네요.

어휘로 내용을 파악해요

대화 속에서 자연스럽게 어휘를 노출시키는 것도 좋지만. 독서를 통해서는 더 많은 어휘에 노출시킬 수 있습니다. 책 읽기 활용을 통해 새로운 어휘는 물론 의미까지 자연스럽게 습득할 수 있지요. 어휘만 배우는 활동보다는 책 읽기를 통해 자연스럽게 많은 어휘에 노출시켜주는 것이 중요합니다. 독서는 대화보다 훨씬 많은 어휘를 흡수할 수 있는 통로입니다. 독서를 하면 어휘를 흡수할 수도 있고, 어휘를 키우면 독해력을 키울 수도 있지요.

어휘를 향상시키기 위해서 단순히 어휘를 많이 아는 것도 중요하지만, 어휘를 이해하고 언어생활에 활용할 수 있는 능력도 중요합니다. 모르는 어휘를 추론하는 능력을 키워주기 위해 수업 중 사용하는 방법이 있습니다. 어휘 추론하기입니다.

책에 나오는 모르는 어휘를 사전에서 매번 찾아가면서 읽는다면 독서에 흥미를 느끼기 힘들 것입니다. 많은 양의 어휘를 알고 있다는 것은 분명 이해에 큰 도움을 줍니다. 그러나 어휘 학습의 목표는 단지 많은 양의 어휘를 아는 것이 아니라, 어휘를 효과적으로 이해하고 표현할 수 있는 능력을 신장하는 것입다. 단지 아는 것이 아니라, 실제 어휘를 표현할 수 있는 전략을 익히는 것이 보다 중요합니다.

어휘 전략을 익히기 위해 저는 포스트잇을 활용합니다. 책에서 발견한 모르는 단어를 포스트잇 정가운데 쓰고 공책에 붙입니다. 책에서 해당 단어의 앞뒤로 어떤 내용이 있는지 정리합니다. 내용의 흐름을 생각하며 바꿀 수 있는 다른 단어를 찾아봅니다. 그리고 사전에서 뜻을 찾아 내가 추론한 뜻이 맞는지 확인합니다. 마지막으로 그 단어

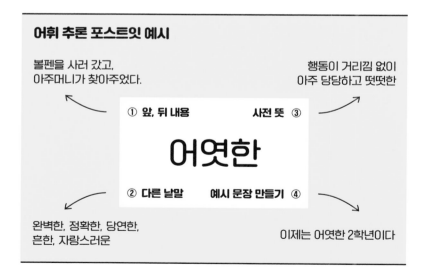

어휘 추론 포스트잇 예시

볼펜을 사러 갔고,
아주머니가 찾아주었다.

행동이 거리낌 없이
아주 당당하고 떳떳한

① 앞, 뒤 내용   사전 뜻 ③

어엿한

② 다른 낱말   예시 문장 만들기 ④

완벽한, 정확한, 당연한,
흔한, 자랑스러운

이제는 어엿한 2학년이다

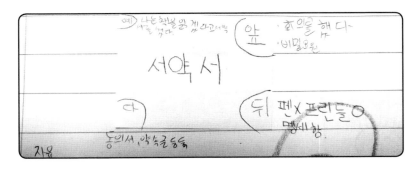

▲ 아이들이 직접 적은 어휘 추론 포스트잇

를 이용해 새로운 문장을 만들어봅니다. 아이들은 자신이 추론한 뜻과 사전의 뜻이 비슷하면 "맞았다!" 하며 좋아합니다. 추론하는 능력이 향상되면 글에서 모르는 낱말이 나와도 글을 읽는 데 무리가 없겠지요. 알게 모르게 우리는 이렇게 많이 읽고 있습니다. 이러한 과정 속에서 매번 어휘를 사전으로 찾지 않더라도 문맥 속에서 파악하는 능력이 함양되고 어휘뿐만 아니라 글의 내용을 정확하고 폭넓게 파악할수 있습니다. 이렇게 쌓인 어휘는 필요할 때 바로 꺼내 쓸 수 있는 어휘가 되는 것입니다.

문장 수집하기

알베르토 망겔Alberto Manguel의 《독서의 역사》에는 이런 글이 있습니다. "책을 읽다가 자네의 영혼을 뒤흔들거나 유쾌하게 만드는 경이로운 문장을 마주칠 때마다 자네의 능력을 믿지만 말고 억지로라도 그것을 외우도록 노력해보게나. 그리고 그것에 대해 깊이 명상하며 친숙한 것으로 만들어보라고. 그러면 어쩌다 고통스러운 일이 닥치더라도 자네는 고통을 치유할 문장이 마음속에 새겨진 것처럼 언제든지 준비되어 있음을 깨닫게 될걸세. 자네에게 유익할 것 같은 어떤 문장이든 접하게 되면 표시해두게. 그렇게 하면 그 표시는 자네의 기억력에서 석회의 역할을 맡을 것이지만 그렇지 않을 경우에는 멀리 달아나고 말걸세." 이렇게 좋은 문장을 표시하고 기억하려고 노력하면 어떤 점이 좋을까요?

좋은 문장과 바른 문장에 반복적으로 노출되는 것은 참 중요합니다. 앞에서 초등학교 2학년을 대상으로 아이들이 쓴 글을 분석해보니 읽었던 글의 특징이 반영되어 있었다는 연구를 소개했지요. 아이가 글씨를 자주 틀리고 쓰기를 어려워하는데 문장을 읽어주는 것만으로 무슨 소용이 있을까 하고 간혹 학부모님들은 여쭤보십니다.

"일기장에 틀린 글자가 있으면 어떻게 해야 할까요?
고쳐준다면 지금은 말끔하게 틀린 글자가 없는 일기가 되겠지만 다음에 일기를 쓸 때는 어떨까요? 똑같이 틀릴 가능성이 높습니다. 아이가 많은 문장을 접하며 스스로 깨닫고 반복해서 써보는 것이 가장 중요합니다.

쓰기 근육을 키워요

초등학교 1~2학년은 초기 쓰기 단계입니다. 반복된 문장 형태를 쓰고 자기중심적인 글을 씁니다. 2학년부터는 정보성 있는 글을 쓰기 시작하고 점점 실력이 늘어납니다. 3~4학년은 발전하는 쓰기 단계입니다. 점점 자기중심적인 글에서 벗어나고 유익한 글을 쓰려고 합니다. 이 시기 아이들의 글을 보면 이것저것 전달하려고 하다 보니 내용은 길어지지만, 처음부터 끝까지 한 문장으로 끝나는 경우도 허다합니다. 아무리 중간에 끊어 쓰라고 해도 잘 모릅니다. 글쓰기의 근육을 더 길러야 하겠지요.

글을 읽고 이해하며 생각을 문장으로 쓸 수 있는 정도의 기초적 수준의 쓰기 능력에서 추론, 분석, 비판, 해석 등의 사고력을 요하는 쓰기 능력까지는 많은 시간과 노력이 요구됩니다. 하루아침에 길러지는 능력이 아니기에, 한글을 해득한 다음에도 꾸준히 노력해야 하지요.

전사하기

글쓰기를 잘하기 위해서는 전사하기로 문장 쓰기에 대한 근육을 길러 주면 좋습니다. 쓰기의 기초 근육이라고 생각하면 좋겠지요. 쉽게는 낱말 따라 쓰기가 있습니다. 국어 활동 교과서에도 낱말 따라 쓰기가 있습니다. 낱말 따라 쓰기를 하면 낱말을 익히고 표현하기 좋습니다.

하지만 무작정 낱말만 따라 쓰는 건 무척 지루합니다. 그래서 책과 함께할 수 있는 전사 활동으로 마음에 드는 문장 쓰기가 있습니다. 책

늘 집에 오면 욕부터 하던 만복이가 입을 꼭 다물고 있자, 오히려 안심이 되었어.

문장	다행히 할머니도 만복이가 말을 안하는걸 이상하게 생각 하지 않았지. (늘 집에 오면 욕을 해서)
1	친구들은 만복이를 보며 함께 웃어 줬어.
2	만복이는 그제야 꿀떡 가격이 무얼 뜻 하는지 알것 같았어

입안이 척 달라 붙어서 말이 나오지 않았거든
만복이는 기분이 좋아서 하늘로 올라 가는 것 같아 었어요.

▲ 아이들이 찾은 마음에 드는 문장 쓰기

을 읽고 마음에 드는 문장을 찾아서 씁니다. 이렇게 쓰는 것만으로도 좋은 문장에 노출이 됩니다. 좋은 문장은 자신의 글을 쓸 때도 유사한 형태로 나타납니다. 문장을 이어 쓰는 아이들은 '~고'로 연결해서 처음부터 끝까지 한 문장 또는 두 문장으로 쓰는 경향이 있습니다. 장기간 책을 읽고 글을 쓰면 처음부터 끝까지 한 문장으로 쓰는 글의 형태도 서서히 사라지게 됩니다.

문장 변형하기

문장의 형태를 그대로 두고 내용을 변형해 활용합니다. 문장 전사하기를 하면 다양하고 좋은 문장에 노출됩니다. 하지만 이것을 내 것으로 만들기 위해서는 자신의 이야기를 넣어 문장을 만들어보면 확실히 나만의 문장으로 정착이 됩니다. 외국어를 배울 때 단어를 많이 외운다고 다 활용할 수 있는 것은 아니지요? 그 단어를 실생활에서 직접 활용해봐야 "아! 이럴 때 쓰는 것이구나!" 하며 나의 단어가 되는 것이지요. 직접 나의 이야기가 들어간 문장으로 변형하는 활동을 하면 활용도가 훨씬 높아집니다.

문장 형태는 유지하면서, 자신의 글로 문장을 완성하는 방법입니다. 자신의 경험을 떠올리기 힘들다면 이미지 카드를 활용해 그림을 보고 떠올리는 것도 도움이 됩니다.

실제 수업 시간에는 어떻게 활용할까요? 예를 들어 국어 교과서에서 인과관계를 익히는 표현을 가르칠 때 문장을 변형해 글쓰기를 합니다. 원인과 결과의 문장 쓰기를 할 때는 문장구조를 익히기 위해 반복적으로 문장을 만듭니다.

( )다. 그래서, ( )다.		
( )다. 왜냐하면( )때문이다.		

이렇게 문장의 기본적은 형태는 유지하고 내용을 자유자재로 넣어 문장을 만드는 것입니다. 처음에는 새로운 문장을 만드는 게 어렵습니다. 그림을 보고 그림의 내용을 활용해 문장 변형하기를 하고, 그 후에 자유자재로 문장을 변형해보면 됩니다.

예를 들어, "만복이는 쥐고 있던 주먹을 풀었어. 장군이의 마음을 알자 미운 마음이 눈 녹듯 사라져버렸거든"이라는 문장을 골랐다면. "나는 쥐고 있던 주먹을 풀었어. 내 동생의 마음을 알자 미운 마음이 눈 녹듯 사라져버렸거든"으로 바꿀 수 있습니다. 꼭 쓰지 않더라고 입말로 문장 만들기를 교대로 하면서 놀이 형식으로 하면 좋은 문장에 노출이 됩니다. 좋은 문장을 익히고, 자신의 글로 활용할 수 있게 하는 방법입니다. 자신의 경험이 들어간 문장으로 녹여내는 과정이 중요합니다. 한 문장으로 한 편의 글을 써서는 도통 이해하기가 힘듭니다. 문해력은 글로 소통하는 능력입니다. 생각을 글로 표현하는 것까지 문해력입니다. 생각을 떠올리고, 정리하고, 되돌아보기까지 하는 글쓰기 루틴으로 문해력을 다져야 합니다.

3단계
독서 노트 쓰기

빌 게이츠Bill Gates는 생각이 막히면 무조건 책을 펼치고 현실 밖으로 산책을 떠난다고 했습니다. 소설, 시집, 경영서, 역사서 등 가리지 않고 아무 책이나 그냥 펼쳐 읽으면, 새로운 생각이 머리를 가득 채우는 것을 느낄 수 있다고 합니다. 실제로 빌 게이츠가 세상을 놀라게 한 많은 아이디어가 이렇게 독서를 하다가 떠올랐다고 하지요. 책을 읽다가 반짝 떠오른 생각이나 깨달음이 달아나기 전에 재빨리 종이에 쓰는 것이 '질서'입니다. 정약용은 초서를 통해 모아둔 자료와 질서를 통해 쌓인 생각의 재료로 글을 썼지요. 맹자를 읽다가 쓴 글을 모은 책이 《맹자질서》입니다. 갑자기 문득 떠오르는 생각은 '나중에 쓰자' 하는 순간 날아가 버리지요. 순간순간 떠오르는 생각들을 기록할 수 있는 독서 노트가 필요합니다.

스쳐가는 생각을 잡아요

책을 읽으면서 문득 쓰고 싶다는 충동을 느낀 적이 있나요? 아주 자연스러운 현상입니다. 문장의 종류도 내용도 다르지만, 사람마다 와닿는 문장이 있습니다. 본인도 모르게 그 문장에 줄을 긋고 글을 쓰고 싶지요. 그때마다 문득 떠오르는 것도 있습니다. 그렇다면 메모하세요. 그 문장과 관계된 비슷한 경험, 또는 배경지식, 느낌 등이 있지요. 이렇게 스쳐가는 생각을 잡으세요. 이런 생각이 자신의 글을 쓰기 위한 좋은 재료가 됩니다.

자신에게 와닿는 문장에 밑줄을 긋고, 그 문장에 대한 생각과 느낌을 여백에 메모해두는 겁니다. 이런 습관을 가지면, 자신의 문장이 늘어나 책도 쓸 수 있게 됩니다. 세상을 놀라게 한 아이디어의 60%는 책을 읽으면서 떠올랐다고 합니다. 책을 읽으며 떠오르는 아무 생각이나 적어도 됩니다. 글을 쓰는 동안 저절로 두뇌 속에 각인이 되지요.

책을 읽는 도중 인물의 감정을 알 수 있는 문장에 밑줄을 그으면서 읽습니다. 이때 약속한 기호로 표시하면서 글을 읽으면 좋아요. 왜 그런 기분이 들었는지는 책 여백에 기록해둡니다. 문장이 아니더라도 대사, 장면, 사건에 대한 생각, 느낌, 의견을 정리해두는 것이 좋아요.

　이렇게 메모한 문장은 오로지 내 것입니다. 문해력은 타인의 글을 이해하고 글로 자기 생각을 표현하고 의미를 공유하는 과정이지요. 적절한 어휘를 찾아서 쓰는 것도 쉽지 않아요. 그때 그때 메모한 생각 조각은 좋은 재료가 됩니다.

메모하기 전략

《만복이네 떡집》은 부잣집 외동아들로 태어난 가족들의 사랑을 듬뿍 받으면 자란 만복이가 입만 열면 나쁜 말만 하게 되어 외톨이가 되는 이야기입니다. 어느 날 그런 만복이 앞에 '만복이네 떡집'이 나타납니다. 만복이는 떡을 먹고 자신이 친구들에게 얼마나 상처를 줬는지 깨닫게 됩니다. 저는 이 책을 수업에 활용하며 아이들에게 인상적인 장면과 생각을 메모하도록 했습니다.

　만복이가 착해지는 장면을 감동적인 장면으로 선택한 아이는 그때 떠오른 자신의 경험을 이렇게 적었습니다.

　"오빠도 남자, 수경이도 남자, 난 여자. 그러면 2 대 1로 붙는 것, 내

만복이가 착해져서 감동적이였어용

감동젹 <u>하는 장면</u>

오빠도 남자 수겁이도 남자 난 여자 그러면 2:1로 붙는거고 내가 4살 동새 3살 맘

2 누나까만돼다 남자라서 내가 싸울수 도없고, 울수도없는 상황에

울면 내가 지는거잖아! 그래서 내 자존심을 껄고 붙텄는데 져서

속하했다

만복이가 요즘 착착해 젔단면이야.

만복이는 땍 주따 터졌어. <u>하는 장면</u>

언니와 싸웠는데 내가 언니를 때렸는데
언니를 때린 것이 후회 된다.

자기이름과 똑같은 가게를 받을 때 호기심이

생길 때 <u>장면</u>

1. 작년 여름방학때 친구와 함께
떡집에 갔는데 친구가 뭐가있다고
해서 봤는데 아무도 것도 없어서
내가 고른 떡을 손에 두었데 없어졌다
그래서 만복이네 떡집 과 비슷 했습니다

2. 일주일 전에 친구와 싸웠습니다 그래서
장군이와 싸운 장면 생각났습니다

3. 만복이 처럼 무지개떡을 먹었던 경험이였다

▲ 아이들이 쓴 인상 깊은 장면

가 세 살 많은 누나지만 둘 다 남자라서 내가 싸울 수도 없고, 울 수도 없는 상황에서 울면 내가 지는 거잖아! 그래서 울지 않으려고 내 자존심을 걸고 붙었는데 져서 속상했다."

만복이가 친구랑 싸우다가 코피가 터지는 장면이 인상적이라고 한 아이는 자신의 경험을 풀어냈습니다.

"언니와 싸웠는데 내가 언니를 때렸는데, 언니를 때린 것이 후회된다."

자기 이름과 똑같은 가게를 봐서 호기심이 생길 때의 장면이 인상적이라고 한 친구는 관련된 경험을 몇 개 풀어냈습니다.

"일주일 전에 친구와 싸웠습니다. 그래서 장군이와 싸운 장면이 생각납니다."

"만복이처럼 무지개떡을 먹었던 적이 있습니다."

메모하기

메모 기호	뜻
?	잘 모르는 내용, 단어
◎	찾아보고 싶은 내용
★	중심 내용
------ (밑줄과 메모)	인상 깊은 구절, 내 생각

이렇게 비슷한 경험이 있는 친구들은 책 속 만복이가 느꼈을 기분도 함께 느낄 것입니다.

읽기 전략을 위한 메모하기 전략의 예입니다. 모든 기호를 다 활용할 필요는 없어요. 한두 개 필요한 것을 사용하거나, 밑줄과 메모만 잘 활용해도 좋은 글쓰기 재료가 됩니다.

모르는 낱말, 중요한 문장, 인상 깊은 문장에 밑줄을 긋고 그에 대한 생각, 또는 추후에 알게 된 것을 여백에 적어두면 이해도를 높일 수 있지요. 좋은 아이디어도 떠오를 뿐만 아니라, 자기 성찰의 기회도 가지게 됩니다. 학교에서는 1인 1책을 하기에는 어려움이 있다 보니 학급마다 이동하며 책을 사용했습니다. 그래서 책 귀퉁이에 쓰는 활동보다는 각 활동마다 기록지를 활용해 공책에 적으면서 활용했습니다. 기록지를 만들기 위한 노력도 들어가야 하고, 붙이고 관리하기 위한 노력도 듭니다. 내 책이라면 간단하게 책 여백에 적어두면 쓰기도 편하고, 다시 읽을 때는 적은 주의력으로도 책을 이해하는 데 도움이 될 것입니다.

질문으로 깊이 보다

"자기 스스로 느끼고, 의문을 품고, 탐구해서 알게 하라. 자기 스스로 정리한 것이 아니고서는 온전한 내 것이 아니다." 하시모토 다케시의 읽기 철학입니다. 하시모토 선생은 소설책 한 권으로 3년 동안 학생들을 가르쳤지요. 책을 읽다가 궁금한 것이 생기면 샛길로 빠져서 읽기도 하고, 모르는 것 없이 완전히 이해하는 경지에 도달하도록 했습니다. 이 독서법을 슬로 리딩이라 부릅니다.

독서를 하고 이루어지는 모든 활동은 마지막을 향해 가기 위한 활동으로 이루어져야 합니다. 각각의 활동이 때때로 이루어지는 것 같아도 도착점에 도달하려면 결국 모든 활동이 유기적으로 연결되어야 합니다. 잘 짜인 이야기가 기억에 남고 이해가 잘되듯 잘 짜인 활동의 구성은 수업이 끝났을 때 나오는 결과물의 질을 한층 높여주고 알맞은 성취 수준에 도달할 수 있도록 해줍니다.

아이가 읽는 책을 부모님도 함께 읽으면 책에 대한 대화 나누기가 가능하겠지요? 자신의 경험을 바탕으로 대화하고 해석하고 받아들이는 것이 중요하다고 하지만, 편향된 자의적인 해석은 금해야 합니다. 그러기 위해서는 책의 내용에 대한 바른 이해가 중요할 것입니다. 질문을 통해 등장인물 간의 갈등을 알아보고, 요약하기 등의 과정을 통해 이해력을 증진시켜야 합니다.

책 읽기가 끝나면 내용을 확인하는 문제가 있는 학습지들이 많습니다. 문제에 답을 하는 행동은 학습을 수동적으로 만듭니다. 하지만 아이의 질문은 독서에 주체적이고 능동적으로 참여한다는 증거이지요. 아이들이 서로 질문 만들기를 하면 질문을 만들기 위해서 꼼꼼하게 읽는 모습을 발견하게 될 것입니다. 즉 아이들이 이야기의 이해에 적극적으로 개입해 글을 읽으면서 이야기의 주요 요소에 대해 특정 질문을 만들게 하는 것입니다. 이를 통해 아이들은 여러 유형의 이야기를 이해하고 정리하여 자신감을 가질 수 있습니다.

책에 있는 내용으로 만든 질문을 주고받으면 좋습니다. 내용을 이해해 아이들이 질문을 만들도록 하면 가장 좋겠지만, 갑자기 하라고 하면 거부감이 생길 수도 있습니다. 처음에는 부모님이 만든 질문에 답하는 방식으로 진행하다가 차츰 이야기 구조 요소와 일반적인 질문을 바탕으로 아이들이 직접 질문을 생각하고 응답할 수 있도록 유도하면 좋겠지요. 이때도 떠오르는 질문을 책 귀퉁이에 적어두었다가 이야기를 나누어보는 것도 좋겠습니다. 포스트잇을 활용해 질문을 붙여두었다가 대화를 나누어도 좋겠지요.

그럼, 어떤 질문을 만드는 것이 좋을까요? 이때 내용을 잘 이해하기 위해 사색(4色) 질문 만들기 전략을 사용해 네 가지 종류의 질문을 만들면 좋습니다. 내용 질문, 느낌 질문, 생각 질문, 라면 질문을 만들면서 사색의 과정을 거칠 수 있습니다.

❶ 내용 질문

글 내용에 답이 제시되어 있거나, 바로 답이 나와 있지 않더라도 글 속 정보를 적용해 답을 구할 수 있는 질문

- 누가 했나요?
- 왜 ~ 되었나요?
- ~ 어디에 갔나요?
- ~ 언제 일어났나요?

❷ 느낌 질문

내부 감정이나 떠오르는 기억, 연상 이미지에 관한 질문

- ~ 때 어떤 느낌인가요?
- ~ 는 어떤 느낌이었을까요?
- ~ 경험이나 기억을 가지고 있나요?

❸ 생각 질문

가치와 판단에 관한 질문, 평가 질문

- ~ 는 옳은가요?
- ~ 에 대해 어떻게 생각하나요?

❹ 라면 질문

이 책을 읽고 한 결심이나 실천에 관한 질문, '만약', '나라면' 어떻게 할 것인지에 관한 질문, 실천 질문

- 나라면 실천할 수 있는 것은 무엇인가?
- 만약 ~ 라면 어떻게 할까요?

문학은 동일시와 몰입을 경험하게 합니다. 독자는 인물에게서 얻은 통찰을 통해 자기 성찰, 인생의 지혜를 배웁니다. 동화는 어린이가 인생의 지혜를 배우게 해주고, 소설은 청소년과 어른을 대상으로 합니다. 동화를 읽을 때도 독서 활동은 유기적으로 잘 짜여야 하지요. 그래야 이해도를 높일 수 있고 내면화를 이루게 됩니다. 질문 활동도 글의 이해를 높이고 내면화가 되는 내용을 활용하는 것이 좋습니다.

문학 교육은 문학 능력의 향상을 통해 인간다움을 성취하는 교육 활동입니다. 작품에 대한 분석만으로는 문학 교육이 이루어지지 않습니다. 아이들의 삶의 양식과 융합되어 내면화되어야 하지요. 인생의 지혜를 배우고, 자아 성찰, 자아 성장을 하려면 공감 읽기가 이루어져야 합니다. 공감 읽기는 문학과 독자의 삶이 유리되지 않고 서로 연관성을 맺도록 도와줍니다. 글 자체로 의미가 형성되면 글을 통해 독자의 자아도 변화하게 되지요.

공감 읽기는 동일화 - 카타르시스 - 통찰의 과정을 거칩니다. 동일화는 다른 사람에게 애정을 느끼고 자신과 다른 사람을 하나로 생각하는 자아의 자각 과정입니다. 주인공과 자신을 동일시하는 과정이지요. 주인공이 겪는 아픔을 통해 마음이 아프고 더 나아가 자신의 고통과도 마주하게 되지요. 카타르시스는 감정 정화 현상으로 내면에 쌓여 있는 욕구불만이나 심리적 갈등을 언어나 행동으로 표출할 때 느꺼지는 감정적 황홀감입니다. 주로 사건이 마무리될 때 일어납니다. 통찰이란 자기 자신의 문제에 올바르고 객관적인 인식을 체득하는 현상으로 등장인물의 행동이나 삶을 통해 자신의 아픔을 객관적으로 보고 해결할 수 있는 능력으로도 변합니다.

그에 따라 읽기도 인상적인 장면을 찾아보고 그 장면에 대한 감정이나 생각을 발견하는 과정으로 변합니다. 그리고 나의 경험을 떠올려보고 의미를 부여한 후 글쓰기의 과정으로 나아갈 수 있습니다. 아이들이 이런 과정을 경험할 수 있도록 독서 활동이 설계되어야 하겠지요. 이러한 활동도 맥락 있게 하나의 이야기처럼 잘 짜여야 합니다. 그래야 글 자체의 의미 형성을 돕고 작가가 만들어놓은 의미의 그물망에 능동적으로 참여하며 자신의 기억을 거기에 투여함으로써 적극적으로 수용하게 됩니다. 그리고 실천을 통해 자아 성장까지 이루게 되는 것이지요.

질문의 유형도 다양합니다. 열린 질문과 닫힌 질문, 개념 도출 질문과 탐구 질문, 추상적 질문과 구체적 질문, 탐색 질문과 집중 질문, 정보 질문과 관계 질문, 인지 질문과 감정 질문 등등입니다.

그중에서 글을 읽는 동안 언어이해도를 높이는 데 도움이 되는 내용 질문과 동일시가 일어나도록 촉진하는 느낌 질문, 객관적인 인식을 체득할 수 있도록 옳고 그름을 판단하는 생각 질문을 활용했습니

▲ 아이들이 적어낸 사색 질문 예시

다. 상상은 문학 읽기의 방법입니다. 그래서 머릿속에 그리듯 상상하며 읽는 것은 문학책으로의 몰입을 높여줍니다. 문학작품을 상상하며 읽을 때 내면화가 잘 일어납니다. 상상하며 읽는 것은 독자의 창조적 상상력을 이용해 책 속 장면을 새로운 이미지로 변용하는 것입니다. 책을 맛있게 읽는 데 꼭 필요한 능력이지요. 거기에 더해 실천의 의지까지 다질 수 있는 만약 질문을 활용했습니다. 수많은 문학책 또는 독서를 하고도 자신이 변화하지 않는 이유는 나에게 남는 한 줄이 없거나 실천으로 이어지지 않아서지요. 그래서 변화를 유도하기 위해서는 좋은 책을 읽고 실천이 병행되어야만 가능하다고 봅니다. 라면 질문까지 함으로써 향후 가치 변화, 실천 의지까지도 다질 수 있습니다. 그래서 네 가지 질문을 넣었습니다. 이 네 가지 질문으로 생각하는 힘을 기를 수 있다고 해서 사색 질문이라 이름을 붙였습니다. 하지만 모든 책에 네 가지 질문을 꼭 해야 하는 것은 아닙니다. 책의 유형에 따라 두 가지나 세 가지 질문만을 사용해 질문을 만드는 것도 좋습니다. 모든 질문을 하지 않더라도, 식사 중에 생각 질문 한 가지 정도만 툭 던져서 이끌어주면 가족 구성원의 다양한 생각을 들을 수 있어서 좋아요. 식사 시간에 할 말이 없을 때 좋은 화젯거리도 됩니다. 여러 의견을 들을 수 있어서 좋고, 다 함께 대화를 나누기도 좋고, 앞으로 실천할 수 있는 마음까지 쌓을 수 있어서 더 좋습니다.

책을 읽고 밑줄 긋고 메모하고 질문하는 활동 모두 책의 내용을 이해해서 주인공과 나를 동일시하고, 문제가 해결될 때 카타르시스를 느끼며, 통찰을 통해 인생의 지혜를 배우기 위한 하나의 맥락 있는 스

> 친구들의 마음을듣는 행동에
> 어떡해 생각 하나요?

> 만 복이가 친구들 생각니 들릴때 한 행동들에 대해
> 어떻게생각하 나요?

> 재랑 이름이 같은 역겹을 본다면
> 무슨 생각이 들것 같아요?
> 나

> 만 복이가 장 군이를 도와 준다고 말한
> 건 을 어떡해생각하 나요?

▲ 아이들이 적어낸 사색 질문 예시

토리입니다. 이처럼 독서의 과정이 유기적으로 잘 짜여질 때 아이들은 자기만의 인생 한 문장을 만들고 문해력을 향상시킬 수 있습니다.

질문을 위한 도움닫기

내용 질문, 느낌 질문, 생각 질문, 라면 질문을 만들어 내용을 이해하고 공감의 기초를 다지는 활동을 알아보았습니다. 하지만 처음부터 아이들에게 이러한 질문을 만들라고 강요하는 것은 무리입니다. 질문을 시작할 수 있도록 친절하게 안내하는 것이 중요합니다. 기억하세요. 우리의 목표는 아이들이 평생 독자가 되도록 끌어주는 것입니다. 재미의 끈을 놓치지 않도록 친절하게 안내해주세요.

질문에 익숙해 무리 없이 잘 만들고 잘 받아들이는 아이가 있는가 하면, 유독 어려워하는 친구도 있습니다. 궁금해하지 않는 것이지요. 놀이처럼 하는 수수께끼부터 시작하면 부담감을 줄여주고, 알쏭달쏭한 놀이로 받아들이게 됩니다.

첫째, 질문 만들기를 어려워하는 경우에는 문장 끝에 있는 '어', '요', '다'를 '까', '습니까'로 바꾸게 합니다. 가장 쉬운 질문 만들기 단계입니다. 그럼 '예' 나 '아니요'로 대답할 수 있는 질문이 됩니다.

> **예)** 은지 옆을 지나자 은지의 생각이 쑥덕쑥덕 들렸어.
> ▶   은지 옆을 지나자 은지의 생각이 쑥덕쑥덕 들렸습니까?

116

둘째, 스스로 수수께끼를 만들게 합니다. 아이들이 읽은 부분에서 수수께끼로 만들고 싶은 문장을 고르게 합니다. 그리고 언제, 어디서, 무엇을, 왜, 어떻게를 설명해주는 부분이 답이 되는 질문을 만듭니다.

> **예)** 만 가지 복을 가지고 태어났다고 만복이다
> ▶ "만복이의 이름은 왜 만복이일까요?"

수수께끼 만들기를 하면 질문하기를 좀 더 쉽게 받아들이기도 합니다. 왜, 언제, 어디서, 무엇을, 어떻게를 사용해 질문 만들기를 보여주며 따라 하게끔 합니다. 내용 질문에 익숙해진다면 다음 단계 질문으로 넘어가도 좋습니다.

만든 질문으로 서로 묻고 답하며 놀이처럼 진행합니다. 질문을 주고 아이만 대답하는 형태가 아닌 서로 문제 내고 맞추는 형태의 꼬리에 꼬리를 무는 질문 놀이를 하는 것이 좋습니다. 질문을 놀이처럼 참여하게끔 하는 분위기가 중요합니다. 질문을 하는 놀이는 아이들의 참여를 좀 더 이끌 수 있습니다.

느낌 질문을 어려워한다면

독서를 하고 나면 많은 지식이 투입되고, 아이가 받아들여야만 할 것 같지요? 하지만 독서도 마음의 문제입니다. 독서를 하고 주인공의 이야기를 통해 생각과 가치관을 변화시키는 것도 마음이 열려 있을 때 가능하지요. 또한 저자의 생각을 받아들이는 것도 내가 열려 있을 때 가능합니다.

독서를 통해 생각하는 힘을 기르려면 다른 사람의 생각을 수용하고 내 생각을 표현하는 힘이 있어야 가능합니다. 평소 감정을 잘 받아주지 않고, 자신의 감정을 알아차리지 못한 채 지낸 아이들은 인물에게 공감을 잘 못 하는 경우도 있습니다. 세분화된 감정 표현을 어려워하고, '좋다', '나쁘다'에 그치는 경우도 허다합니다. 다른 아이들의 의견에 반대를 위한 반대를 하는 경우도 많지요.

평소 다양한 감정을 나타내는 용어에 노출이 되어 있고, 부모와 대화가 자연스럽게 이루어지는 아이들은 더 쉽게 공감과 이해를 할 수 있습니다. 주인공에게 감정을 이입해 몰입도 잘 일어납니다. 그러니 생각하는 힘을 기르기 위해서는 지식보다는 마음을 봐야 합니다.

감정을 나누어요

아이들에게는 다른 아이의 감정을 면밀하게 이해하는 능력도 필요합니다. 실생활뿐만 아니라 독서 과정에서도 문학작품을 읽고 생각을 만들어내는 과정에서 등장 인물의 감정을 이해하는 능력이 필요하지요. 이러한 능력은 자신의 감정을 민감하게 느끼고 경험하는 데에서 시작됩니다.

평소 부정적인 감정까지 수용하며 다양한 감정을 느끼고 표현하는 것이 쉽지는 않습니다. 이를 위해서 감정 표현 어휘를 익히고, 감정 나누기를 권장합니다. 감정 카드를 활용한 감정 맞추기, 감정 설명하기, 나만의 감정 카드 놀이 등은 세분화된 감정 표현을 가능하게 도와

▼ 감정 카드

줍니다. 자기 관리와 감정이입이 성숙할 때 다른 사람의 감정까지 공감할 수 있습니다.

기분을 말할 때 단순히 '좋다', '나쁘다'에서 그치는 경우가 많지요. 내 기분을 나타내는 감정 카드를 선택해 이야기해보라고 하면 다양한 감정을 표현합니다.

오늘의 기분 말하기 놀이

망설여지다, 고맙다, 미안하다, 당황스럽다 등이 적힌 감정 카드를 펼쳐놓고 아이에게 감정 카드를 골라서 자신의 감정을 설명할 수 있도록 합니다.
"오늘 아침에 동생한테 화를 내서 미안해요."
"오늘이 내 생일이어서 기뻐요."

감정 퀴즈 놀이는 감정에 대한 퀴즈를 내고, 그 퀴즈를 맞추면 카드를 가져가는 놀이입니다. 감정 게임을 하면서 자연스럽게 다양한 감정에 노출될 수 있습니다. 놀이를 하다 보면 말하지 않았던 아이의 평소 감정을 알아채는 경우도 생깁니다.

감정 퀴즈 놀이

"발표하기 전에 드는 마음은?"
"두근거리다."
정답을 맞추면 카드 한 장을 주고 관련된 질문을 합니다.
"발표를 하기 전에 두근거렸던 경험이 있니?"

카드에 적힌 감정을 느꼈을 때를 설명하게 합니다.
"나는 친구한테 약속을 못 지켰을 때 미안한 마음이 들었어."
"다음에는 약속을 지킬 수 있을 거야."

감정 경험 놀이는 자신이 그 기분을 느꼈던 때를 이야기하며 감정 카드를 하나씩 가져가는 놀이입니다. 다른 사람의 기분을 듣고 끝내는 놀이로만 그칠 것이 아니라 "힘내!" "앞으로가 기대돼" "넌 할 수 있어" "한다면 끝까지 하는구나" "축하해" 등등 격려하는 말을 해주세요. 실제로 그 상황이 아닌데도 좋아하고, 기뻐하는 경우를 심심찮게 볼 수 있습니다. 아이의 자존감도 키워줄 수 있지요.

▼ 감정 나열표

감동적인	고마운	기대되는	기쁜	다정한	당황스러운	두려운	실망스러운
당당한	만족스러운	몰입하는	반가운	뿌듯한	미운	부끄러운	혼란스러운
사랑스러운	설레는	신기한	신나는	안심되는	서운한	슬픈	심심한
여유있는	열정적인	자랑스러운	자신있는	재미있는	억울한	예민한	안타까운
즐거운	짜릿한	차분한	충만한	친근한	지친	허전한	외로운
편안한	행복한	홀가분한	흐뭇한	흥미로운	망설이는	무서운	우울한
희망찬	힘이나는	간절한	걱정되는	겁나는	미안한	부담되는	조심스러운
궁금한	귀찮은	긴장되는	놀란	답답한	부러운	불안한	화나는

감정 카드를 활용해 감정에 익숙해진 상태라도 감정 용어가 잘 기억나지 않을 수 있습니다. 감정 용어가 나열된 감정표를 활용해 인물의 감정을 짐작해 표시하고 느낌 질문을 만들어봅니다.

마음 수직선으로 감정의 깊이를 느껴보기

인물의 마음을 짐작해보았다면 감정의 깊이가 어느 정도인지 표현해봅니다. 감정의 깊이를 짐작해봄으로써 본인이 경험했던 때를 떠올려 감정의 깊이를 짐작하기도 합니다. 이야기의 흐름도를 보여주며 편안함이 느껴지는 장면에서는 감정 높이를 적당한 위치에 올려보기도 하

▼ 수업에서 활용한 마음 수직선

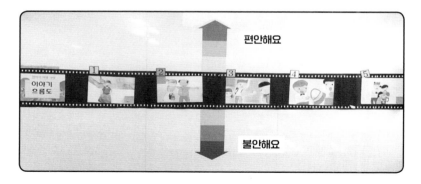

고, 불안한 감정이 심하게 느껴진다면 끝까지 내려보기도 합니다. 감정의 깊이를 느껴보면서 나와 연결되기도 하고, 몰입이 일어나기도 하지요. 그와 비슷한 상황이 떠오르기도 합니다.

자신을 받아들이고 인정하는 것부터 시작합니다. 먼저 나를 인정하고, 받아들이기 위해 마음을 열 때 감정의 깊이를 깨달을 수 있습니다. 나로부터 시작해 새로운 탐색의 과정으로 새로운 시각을 발견하고, 통찰하게 되는 것입니다. 이러한 과정에서 어휘력이 향상되고 따라서 문해력이 향상됩니다.

슬로 리딩과 온작품 읽기

독서 자체를 교육과정 안으로 들여오려는 시도가 지속적으로 이루어졌습니다. 초등학교 3학년부터 6학년까지 한 학기에 한 단원씩 있는 독서 단원은 2015 개정 교육과정의 '한 학기 한 권 읽기'를 국어 교과서에 반영한 특화 단원입니다. 독서 단원은 매 학기 수업 시간에 한 권을 끝까지 읽고 타인과 생각을 나눈 뒤에 자기 생각을 쓰는 활동으로 구성됩니다. 이 활동과 함께 나온 용어가 '온작품 읽기', '슬로 리딩' 등입니다. 혼동해서 쓰고 있는 이 용어들의 의미를 먼저 알아볼까요?

한 학기 한 권 읽기는 2015 개정 국어과 교육과정에서 강조하는 국어 수업 혁신 방법의 하나로, 책을 읽고 생각을 나누고 표현하는 활동으로 이루어진 수업입니다. 오랫동안 독서교육에 힘을 기울여온 정책 추진에서 나온 독서교육입니다.

슬로 리딩은 일본의 나다 중고등학교에서 《은수저》라는 장편소설 한 권으로 3년 동안 수업을 진행한 사례에서 비롯된 용어입니다. 아이들에게 문학책을 3년 동안 읽히면서 관련된 놀이, 어휘 공부, 읽기, 쓰기 등을 반복적으로 제시하고 공부시킨 방법입니다. 책을 읽으며 책에 나오는 활동을 직접 해보거나 문장 속 단어, 어구를 하나하나 알아보는 등 '느리지만 깊고 넓게' 책을 읽는 것입니다. 슬로 리딩 수업의 핵심은 '샛길로 새기'입니다. 책을 읽는 도중 이해하기 힘들거나 더 알고 싶은 내용이 나오면 잠시 그곳에 머물러 조사 활동을 하거나 직접 경험해보면서 몸과 마음으로 읽는 것이 바로 슬로 리딩입니다.

온작품 읽기는 하나의 문학작품을 활용해 텍스트 내외적 요인을 분석하며 작품의 의미를 재구성하고 경험하는 과정으로서의 읽기 교육의 개념입니다. 전국초등교과모임에서 교과서에 실린 온전하지 못한 글을 가지고 수업하는 것을 반성하며 온전한 작품을 바탕으로 수업을 하고자 하는 의지에서 비롯된 활동입니다. 하나의 작품을 '온전히' 읽는다는 것은 문자 그대로 하나의 작품을 꼼꼼히 읽는 것을 포함하며, 작품의 내용 파악과 단순한 감상에 초점을 두는 읽기가 아니라 작품의 가치를 탐구해 학생들의 삶에 적용해보는 것까지 확대합니다. 영화, 연극, 음악, 미술, 만화 등 다양한 작품을 읽을 수 있지만, 학교에서 가장 손쉽게 접할 수 있는 것이 문학이라 문학에 좀 더 중점을 두어 감상합니다. 하지만 온작품 읽기의 본래 뜻은 문학 도서, 비문학 도서를 포함해 모든 갈래의 책을 온전히 읽고 감상하는 것을 뜻합니다. 가정에서도 한 권의 책을 정해 처음부터 끝까지 한 작품을 온전히 읽도록 지도해주세요.

요약하기

"하하, 욕쟁이! 깡패! 심술쟁이!"

"또 코피! 하하."

"크크 뚱땡이!"

이야기를 읽다 보면 아이들은 유독 자극적인 말에 반응이 좋습니다. 책을 싫어하는 아이들의 주의를 끌게 해주니 여러모로 장점이 많지요. 책을 끝까지 읽게 해주는 매력적인 요소이기도 합니다. 욕으로 재미를 붙이기 시작해서 이야기에 흠뻑 빠지는 아이들도 많습니다. 꼭 자기 이야기 같아서 읽는 친구도 있지요. 좋은 미끼로 작용한 셈입니다. 하지만 욕으로 재미 붙였다가 욕으로 끝나는 경우도 허다합니다. 이런 경우 책에 대한 소감은 "재미있다"로 간단하게 끝나버립니다. 자극적이지 않은 부분의 이야기는 아마 지루해했을 가능성이 많습니다. 건너뛰었을 가능성도 있지요. 재미로 읽는다면 그렇게 읽어도 괜찮습니다. 하지만 책을 읽는 거잖아요? 재미로만 읽으면 책에서 얻어가는 것이 없습니다. 마음에 남는 문장이 욕이라면, 자신을 변화시킬 어떤 의미도 못 찾은 것이지요. 요약하기를 하면 관심 없었던 부분까지 보게 되고, 이해할 수 있게 해주지요. 욕을 하게 된 전후 상황도 파악이 되는 겁니다.

요약하기의 힘

많은 아이가 글에서 중요한 사건을 찾아 정리하거나 전체적 흐름을 요약해 줄거리를 작성하는 데 부담을 느끼고 어려워합니다. 교육과정에서는 전 학년에 걸쳐서 요약하기에 관해 가르치지만 교육적 위계가 설정된 것은 아닙니다. 6학년의 경우 글의 길이가 길어지고 내용이 어려워졌다는 것과 글의 종류에 따라 용어를 달리 쓰고 있다는 정도입니다. 이야기 글은 간추리기, 설명문은 요약하기, 논설문은 중심 내용 찾기로 용어의 차이가 다릅니다. 중요한 내용이나 줄거리를 요약하는 학습에서도 과제를 해결하는 구체적인 방법을 제시하지는 않습니다. 아이가 직관적으로 판단하거나 선택하게 하는 것과 같이 아이의 몫으로 남아 있습니다.

요약하기는 글을 이해하고 정리하고 확인하는 데 필수적인 전략입니다. 글의 내용과 짜임을 분석해 종합적으로 이해하는 것과 관련된 행위로 비판적 읽기의 기본입니다. 아이들에게 이렇게 설명하면 정말 어렵게만 느껴집니다. 아이들에게는 "중요한 내용을 뽑아 내용을 줄이자"라고 말하는 것이 좋습니다. 똑같은 쓰기지만, 요약하기는 글에서 중요한 내용을 뽑아서 표현하기 때문에 이해에 더 비중을 둔 활동이라고 할 수 있습니다. 쉽게는 중요한 내용에 밑줄을 긋고 번호를 붙인 뒤 번호를 없애고 알맞은 접속사를 붙여서 문장을 연결하면 요약이 됩니다.

스토리보드 요약하기

초등학교 저학년이나 중학년의 경우에는 쓰기도 힘든데, 요약하기는 무리일 수도 있습니다. 아이들과 대화를 하면서 함께 정리하면 내용을 이해하는 데 도움이 됩니다. 수많은 장면을 다 읽고 나서 나중에 중요한 장면을 말하라고 하면 굉장히 힘듭니다. 이럴 때 장면을 보면서

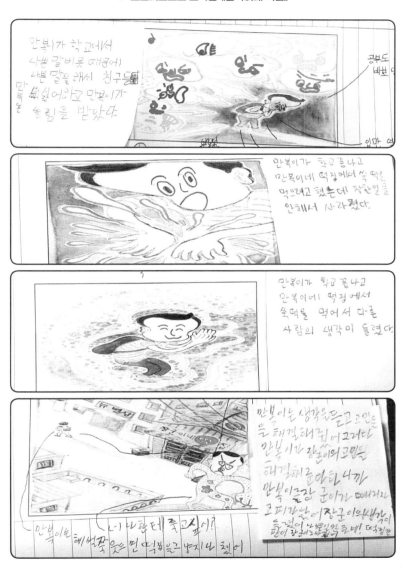

이야기하면 그림이 말하기를 꺼내는 데 도움을 주지요.

주요 장면을 뽑아서 아이들과 함께 장면에 대해 이야기를 나누면서 내용을 요약합니다. 처음에는 주요 장면 네다섯 개를 뽑아서 보여주고 각 장면에서 무슨 일이 있었는지 물어보면서 정리하면 좋습니다. 정리가 무난하게 이루어진다면 중요한 장면을 함께 선정해서 정리해도 됩니다. 아이들이 말하기 힘들어할 때는 요약하기에 도움이 되는 질문을 사용해 물어보고 그 질문에 답하면서 저절로 내용이 요약되도록 하면 좋습니다.

요약하기를 도와주는 질문

- 주인공은 누구인가?
- 언제 어디에서 일어난 이야기인가?
- 사건의 시작은 무엇인가?
- 사건에 대해 주인공은 어떻게 생각했나?
- 주인공은 사건을 해결하기 위해 무엇을 했나?
- 주인공이 행동한 결과는 어떠한가?
- 결과에 대해 주인공은 어떤 생각을 했나?
- 이야기는 어떻게 끝나나?

아이가 요약하기를 힘들어할 때

요약하며 읽기는 학교 공부에 중요한 방법입니다. 읽은 것을 요약할 수 있어야 제대로 읽은 것이 됩니다. 요약하기는 정보를 이해하고 습득하며 학습하기에 매우 강력한 힘을 지닙니다. 우리가 책의 내용을 기억할 때 문장을 그대로 암기하려면 잘되지 않지만, 뭉뚱그려 암기하면 금방 외울 수 있을 뿐만 아니라 그 기억이 오래 지속됩니다. 요약하기는 글을 기억하기 편리한 형태로 만들어주는 방법입니다.

아이가 책을 요약하는 것을 힘들어할 때는 다음과 같이 가르쳐주면 좋습니다. 먼저 각 장을 읽고 중요 인물과 사건에 밑줄을 긋습니다. 밑줄 친 부분을 조합해서 대여섯 문장 정도로 장을 요약합니다. 한두 장 정도는 밑줄을 긋고 요약하는 시범을 보여준 뒤, 다음 장부터는 아이가 혼자 하도록 합니다. 모든 장을 다 요약하고 나면 대여섯 문장을 한두 문장으로 다시 요약합니다. 이런 방법으로 이야기의 발달, 전개, 절정, 결말에 따라 내용을 요약할 수 있도록 도와주세요.

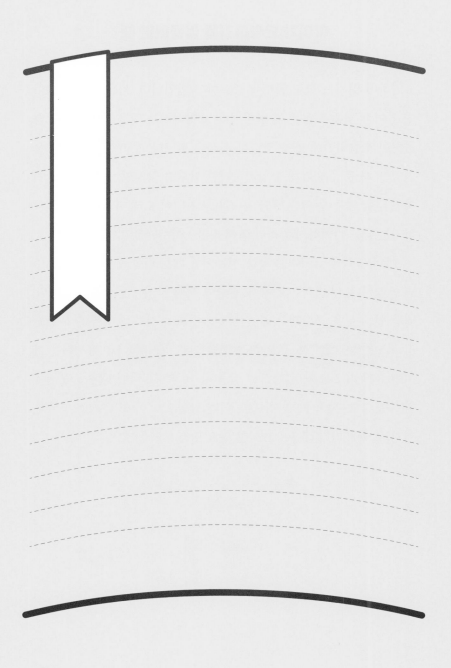

4장

5~7단계로
문해력
단단하게 다지기

왜 5~7단계 루틴으로
문해력을 다지나요?

5~7단계 글쓰기 루틴은 책과 자신을 연결시킵니다. 자신의 관점에서 책을 해석하고 고민이나 문제를 해결합니다. 의미를 해석하는 읽기가 가능해집니다. 이렇게 될 때 자신의 지식체계와도 연결이 되고 자신의 배움이 됩니다. 문해력이 생기는 것이지요.

읽기는 판독, 독해, 해석의 과정을 거칩니다. 판독은 글자 기호를 읽어내는 것이고, 독해는 글의 의미를 파악하는 것입니다. 1~4단계 쓰기 루틴이 독해의 과정이라면 5~7단계 글쓰기 루틴은 해석의 과정입니다. 해석은 맥락 속에서 의미를 알아내는 것입니다. 해석이라는 것은 나의 관점에서 해석하고 나의 고민이나 궁금한 것을 해결할 때 가능하지요. 그러니 '쓰기'를 통해야만 가능합니다.

책을 읽고 자신이 겪은 일을 떠올려 그에 대한 생각이나 느낌을 쓰면, 그 과정에서 스스로를 이해하고 자기 성찰 역량을 강화할 수 있습니다. 이것이 미래 사회가 요구하는 쓰기 교육입니다. 자신을 반성하고 성찰하고 이해와 소통을 바탕으로 건강한 자아 정체성을 확립할 수 있습니다. 자기 관리 역량으로서도 쓰기 교육은 필요한 것이지요. 경험을 떠올려 글을 쓰는 것은 자신의 삶과 밀접하기에 쓰기에 대한 부담도 줄여줍니다. 이로 인해 긍정적인 쓰기 태도를 형성할 수가 있지요. 쓰기 태도는 쓰기 능력으로 연결되어 쓰기 능력 또한 향상됩니다.

기존의 독서교육은 독해 교육에 머물러 있었기 때문에 자기 자신과 연결되지 않았습니다. 저자의 의도를 파악하는 것만 중요했지요. 그러니 책을 읽어도 남는 것이 없습니다. 저자의 의도를 파악하고 끝나버립니다. 독서란 책을 통해 나에게 남는 것이 무엇인지 알며 그것의 의미를 통해 자신을 변화시키는 것입니다. 그러니 책에서 마음에 든 한 줄은 그 무엇보다도 소중하지요. 책값을 뛰어넘고도 남을 만합니다. 물론 문해력에 따라 이해의 차이는 있습니다. 작가의 손을 떠난 글은 온전히 독자의 몫입니다. 글쓰기의 목적은 생각을 만들어내는 것이고, 이렇게 글을 쓸 때야 비로소 나에게 온전히 남게 됩니다.

공부가 읽고 쓰는 것이라면 글쓰기는 배움의 핵심이자 정점입니다. 모든 교과에서 글쓰기가 필요합니다. 학교 교육과 가정 교육을 통해 아이가 글쓰기를 친숙하게 여기고 부담 없이 글을 쓰는 것을 생활화할 수 있도록 도와줄 필요가 있습니다.

5단계

생각 정리 글쓰기

앞서 문해력이라는 것은 글로 소통하는 능력이라고 했습니다. 단순히 읽고 쓰는 것에 국한하는 것이 아니라 글을 이해하고 타인과 글을 공유하고 소통하는 능력이라는 말이지요. 자기 생각을 정리해 작성할 수 있으며 그 지식과 정보를 타인과 공유하는 것이 문해력입니다. 세상을 잘 이해하고 사람들과 소통하기 위해서는 사회 문화적 환경에서 글에 담긴 뜻을 분석하고 추론하며 해석할 수 있는 사고력이 포함된 읽기와 쓰기가 필요합니다.

읽기란 무언가를 더 잘 알기 위해서 글을 더 넓고 깊게 이해하려고 의식적으로 노력하는 행위입니다. 이미 정해진 순서대로 흘러가는 이미지와 소리를 따라 무신경하게 반응하는 자동적이고 수동적인 과정이 아니지요. 읽으면서 구체적인 삶의 의미를 새롭게 만들어내는 능동적 몰입이 필요합니다. 유튜브를 훑고 스트리밍 콘텐츠를 섭렵해도 정보를 잠시 소유할 수는 있을지언정 실제적인 '앎'으로 전환하기는 어렵습니다. 남이 조제해준 정보가 나의 읽기가 될 수는 없기 때문입니다. 읽기란 자신의 인지를 능동적으로 움직이면서 몰입하는 고도의 지적 활동입니다. 읽는다는 것은 생각보다 훨씬 복잡하고 섬세하며 인간만이 실천할 수 있는 특별한 방식의 '앎의 과정'입니다. 새로운 앎을 위해서는 원래 알고 있는 나의 지식과 경험을 활용하고 통합하고, 나아가원래의 앎을 새로운 차원의 앎으로 다듬어야 합니다. 그래야 언제 어디서든 꺼내어 쓸 수 있고, 새로운 문제 상황에서 적용이 가능합니다.

지식과 앎

지식은 결과이고 앎은 과정입니다. 지식은 하나의 개념적 망 같은 것입니다. 여러 개의 관련 정보를 통합하고 연결해 새로운 지식을 구성할 수 있습니다. 앎의 과정이란 스스로 무언가를 만들어내는 과정이며 좋은 정보를 두루 섭렵해 융통성 있게 새로운 지식을 구성하고 해석하는 과정입니다. 전문가들에게 전적으로 의존하기보다는 그들의 전문성을 참조하면서 무엇이 나에게 필요한 지식이 될 수 있는지 아닌지를 판단해야 합니다. 그 결과 합리적 근거를 갖춘 자신만의 '이해'에 이르게 됩니다. 스스로 이해할 수 있을 때 비로소 지식의 실체가 구성된다고 믿기 때문입니다. 이해하며 읽는 사람은 하나를 읽고 나면 반드시 더 찾아서 읽으려고 합니다. 궁금하기 때문이지요. 확장적 읽기를 하게 됩니다. 정보의 출처와 가치를 판단하기 위해 확장해 읽고 부족한 것을 채우고 충분히 '안다'라고 느낄 만큼 더 많은 글을 읽으려고 합니다.

여러분은 글을 읽을 때를 기억하나요? 글에 있는 정보를 스캐너처럼 그대로 머릿속에 옮기는 것은 '기억을 위한 읽기'입니다. 실제로 기억을 위한 읽기는 시험 전날 벼락치기 공부 같은 단기적인 정보 기억에는 도움이 되지만 장기적으로는 그다지 효과적이지 않습니다. 시험을 치고 나면 머리에 남는 게 없다고 하잖아요. 반면 글의 정보를 통일성을 갖춘 의미로 재구성하는 것은 '이해를 위한 읽기'입니다. 좋은 독자는 기억하기 위해서가 아니라 이해하기 위해 인지를 활용합니다. 예습, 복습 같은 이해를 위한 읽기가 정보를 기억하는 데는 훨씬 효과적입니다. 글의 세부 내용이 독자의 머릿속에 만들어진 의미의 틀 안에 짜임새 있게 통합되기 때문입니다. 의미의 틀이 갖추어지면 머릿속에 있는 정보를 꺼내 쓰기도 쉽습니다. 정보의 중요도에 상관없이 텍스트의 세부 지식을 맥락 없이 떠올리는 것보다는 통일성을 갖춘 하나의 의미 틀을 활성화시키는 일이 정보의 기억과 인출에 훨씬 효과적이지요. 통일된 이해 모형을 중심으로 주요 정보와 세부 정보가 맞물려 맥락에 맞게 자연스럽게 연상되기 때문입니다.

글을 읽는 동안에 떠오른 생각을 수집하고 연결해 질문에 대한 답을 찾아가는 과정이 글쓰기입니다. 생각의 조각이 따로따로 흩어져 있는 상태로는 힘을 발휘할 수가 없어요. 생각의 조각을 결합시키고 빠진 부분을 메꾸어 하나의 완성된 형태, 즉 결론이 있는 이야기로 만들어야 합니다. 누군가에게 들려줄 수 있을 정도로 완성된 형태의 이야기가 내 삶도 통합시킬 수 있습니다. 그래야 완전히 이해했다고도 할 수 있습니다. 이해가 된 지식은 새로운 상황에 얼마든지 꺼내어 쓸 수 있고, 새로운 것과 융합과 변경, 창조가 가능합니다. 즉 자신의 역량이 되는 것입니다. 완전히 이해될 때 새로운 의식 체계가 형성되어 문해력이 쌓이는 것입니다. 책을 통해 생각하고 기록하며 자신만의 가치관이 정립됩니다. 그것이 바로 글쓰기의 힘입니다. 자신에게 깊은 감동을 준 책은 쓸거리도 다양합니다. 아이들은 좋아하는 주제와 관심 있는 주제라면 글을 잘 씁니다.

내가 읽은 책과 나의 무엇이 만나는 과정에서 글쓰기가 출발합니다. 작가의 손을 떠난 글은 온전히 독자의 몫이지요. 책 속의 질문이 '내 삶의 질문'이 되어야 합니다. 아이들은 책을 읽으면서 자신의 경험을 떠올리고 사건을 구체화하고 생각이나 느낌을 글로 표현합니다. 무엇을 쓸까 고민하고 그에 대한 문제를 해결하는 데 도움을 주지요. 전략적인 글쓰기보다는 자유롭게 글을 써보는 경험이 필요합니다. 맞춤법이나 문법에 얽매이지 말고 하고 싶은 말을 자유롭게 썼을 때 아이의 진정한 목소리가 담기고 힘이 생깁니다.

개인의 경험을 바탕으로 하는 글쓰기 유형으로는 일기나 편지, 자전적 소설, 저널 및 에세이 등이 있습니다. 일기 쓰기가 사적인 경험과 내면의 생각, 감정을 기록하는 수단이라면, 저널 쓰기는 자신의 문제에 대한 깊은 이해와 성찰을 위해 내면을 글로 표현하는 반성적 글쓰기입니다. 자전적 소설은 한 사람의 삶을 탐구하는 전기가 허구적 소설 개념과 결합해 발생한 소설 유형의 글쓰기입니다. '허구성'이라는 소설의 기본 형식으로 서술자의 이야기를 재구성한 글입니다.

책을 읽었으니 이제 쓰라고 하면 어른들도 쉽지 않습니다. 생각을 떠올리는 것부터, 작은 단위의 생각을 정리해 글로 완성하기까지 단계별 안내에 따라 보면 글쓰기 능력을 누구나 함양할 수 있습니다.

단계별 생각 정리 글쓰기

생각 정리 글쓰기는 어떻게 할까요? 책을 읽고 갑자기 "네 생각을 써

봐!"라고 하면 글쓰기가 너무 어렵습니다. 이럴 때 단계별 글쓰기를 추천합니다. 낱말 쓰기 – 문장 쓰기 – 문단 쓰기 – 글쓰기로 확장시키는 것입니다.

아이들은 초등학교 3학년 때 하나의 문단에서 한 문장의 중심 생각 찾기를 배우지요. 3학년 때 문단을 배우지만, 어려울 수도 있습니다. 문단은 하나의 생각을 담고 있는 문장의 모음입니다. 생각 덩어리라고 보면 쉽겠지요. 이 생각 덩어리가 하나만 있어도 작가들은 책 한 권을 쓸 수 있어요. 우리는 한 문장에서 시작해 한 문단으로 키워나가는 글쓰기가 좋습니다.

교실에서 4단계 글쓰기를 활용한 예시입니다. 3학년 친구들과《만복이네 떡집》을 읽었습니다. 이 책을 읽고 '어떤 유형의 글쓰기를 할 것이냐?'에서 한번 고민하게 됩니다. 아이들이 쓰고 싶어 하고 쓸 수 있는 글쓰기 수준을 진단하는 것에서부터 시작합니다. 3학년 1학기 때 장면을 보고 원인과 결과에 따라 이야기 꾸미기를 했습니다. 무척 재미있어하고, 실제로 재미있는 이야기도 많이 만들었지요. 상상하면서 이야기를 만드는 과정에 흥미가 있다는 것을 알았으니, '어떤 유형의 글을 쓸까?'에 대한 고민이 해결되었지요. '상상해서 이야기 쓰기'로 결정하고, 나의 경험을 바탕으로 하기로 했습니다. 따라서 자전적 소설 쓰기로 결정했습니다. 갑자기 독후감을 쓰라고 하면, 지금까지의 활동을 연계시킬 수도 없을 뿐만 아니라, 형식에 갇혀서 감동은 사라지기 쉽습니다.

《만복이네 떡집》을 읽고 만복이와 나의 공통점과 차이점을 발표하는 시간을 가졌습니다. 머릿속에서 브레인스토밍을 하면 글쓰기가

▼ 1단계 메뉴판 단어 글쓰기

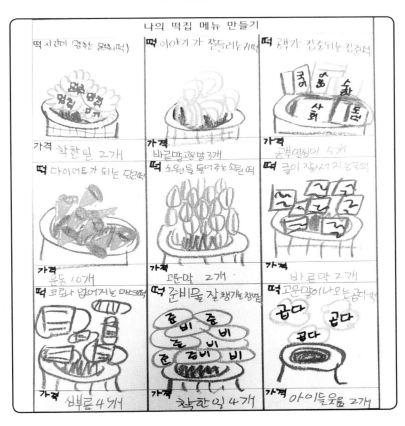

좀 더 쉬워집니다. 친구들의 발표를 통해 나의 생각도 비약적으로 발전할 수 있습니다. 만복이의 특징을 살펴보고 만복이가 사용했던 떡을 생각해보게 했습니다. 나에게 필요한 떡집 메뉴도 생각해보게 합니다. 생각한 후에 말하는 것은 쓰기에 도움을 줍니다. 마지막으로 나만의 떡집 메뉴판을 만들어보라고 했습니다. 나만의 떡집 메뉴는 나만의 떡집 이야기를 만들 좋은 재료가 됩니다. 떡집 메뉴를 만든 것 중에서 내가 이야기에서 먹고 싶은 떡을 두세 개 정도 정합니다. 그림과 함께 간단한 떡 이름을 쓰면 부담 없고 즐겁습니다. 글쓰기 능력에는 항상 개인차가 있기 마련이지요. 문장 쓰기에 부담 없는 친구들은 왜 그 떡을 정했는지 이유도 적어두면 나중에 글을 쓸 때 훌륭한 재료가 됩니다.

네 컷 이야기 쓰기는 3~6학년 친구들이 즐겨하는 글쓰기라 부담 없이 할 수 있습니다. 그리고 각 장면에 필요한 떡을 정합니다. 네 컷으로 원인과 결과에 따라 한두 문장으로 뼈대를 적습니다. 아이들도 한두 문장 정도 쓰는 것에는 크게 부담을 느끼지 않습니다.

각 장면에서 주인공과 장소, 시간 등 배경을 설정하고 네다섯 줄 정도의 한 문단으로 글을 씁니다. 이렇게 네 개의 장면을 모두 완성합니다. 이때는 꾸며 쓰는 말도 넣고, 문장부호가 들어간 대화체 글도 넣어서 글을 풍성하게 만들 수 있습니다.

이어주는 말을 넣어 글을 더 자연스럽게 합니다. 자신이 쓴 글을

〈원인〉	〈결과〉	말하기 〈원인〉	〈결과〉
언니한테 까칠하게 말해서 싸움.	나경이네 떡집 언니빼고 예쁜떡 먹고 싶음	예쁜떡 먹으려고 노력한다.	먹고 언니와 사이좋게 지내고 사실 엄마가 떡집주인 이었다.

어느날 나경이는 언니에게 까칠하게 말해 또 언니와 싸우고 있었어. "언니같음 -나가 언니 물건 만지면 좋겠어?" 나경이가 말했어. "아, 말을 왜 그렇게 해!" 언니가 소리쳤어. "흥앙. 짜증나." 나경이는 현관문을 열고 나갔어. 그런데 집 앞에 못 보던 떡집이 깄지 뭐야. 바로 나경이네 떡집이었어. 그곳에는 나경이의 눈길을 끈 예쁜떡도 있었지. "우아, 먹고 싶다. 근데 가격에 예쁜말 7번?..어. 근데 알덕도 있네?" 나경이는 ... 아이들 웃음? 개인 갈떡을 먹었어. 배도 부르겠다. 나경이는 놀이터로 달려갔어. "다은아, 무슨 일 있어?" 나경이가 물었어. "글준비를 살못듯이 다 떨어졌지 뭐야?" 다은이가 한숨을 쉬며 말했어. 친구 말 잘 들어주는 말떡 덕분인지 나경이는 조용히 다은이 말을 들었어. "그랬구나. 내가 준비물 학교에서 빌려줄게, 걱정 마" 나경이가 말했어. "고마워" 다은이가 말했어.

▲ (위) 2단계 문장 글쓰기 (아래) 3단계 문단 글쓰기

보면서 고쳐 쓰고 글을 정교하게 다듬는 과정까지 포함합니다. 사진의 글에서는 언니에게 나쁜 말을 하는 습관을 고치고 싶은 친구의 생각이 반영되어 있습니다. 아이의 경험이 담긴 자전적 소설은 자신의 자의식이 반영되어 이야기가 전개됩니다. 아이들이 무의식중에 드러내는 내면의 개념적 진실을 내포하지요. 주로 내적 갈등을 경험하며 정체성을 형성해가는 흐름을 보여줍니다.

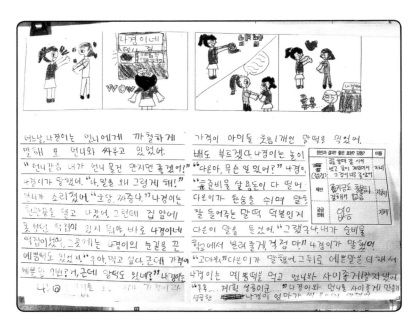

▲ 4단계 글쓰기 및 퇴고

저학년도 가능한 생각 정리 글쓰기

아이들이 책을 읽는 동안 재미있었던 장면, 인상 깊었던 장면에 대해
메모해둔 내용입니다. 저학년이라서 그때의 자신과 관련된 경험도 한
두 줄 정도로 간단하게 적어두었습니다. 인물에 대해 공감 가는 부분
을 찾아서 메모하기도 했습니다. 이런 메모들은 글을 쓰기 위한 좋은
자료가 됩니다.

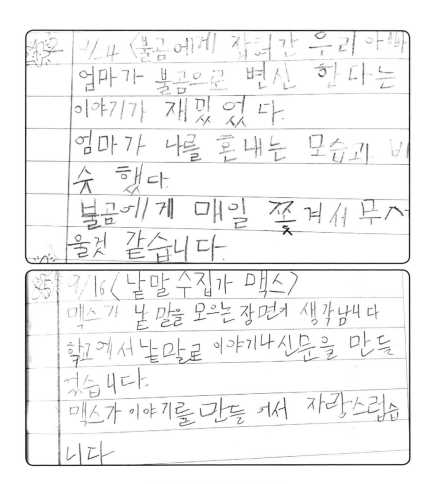

7/4 〈불곰에게 잡혀간 우리 아빠〉
엄마가 불곰으로 변신 한다는
이야기가 재밌었다.
엄마가 나를 혼내는 모습과 비
슷 했다.
불곰에게 매일 쫓겨서 무서
울것 같습니다.

9/16〈낱말 수집가 맥스〉
맥스가 낱말을 모으는 장면이 생각남니다
학교에서 낱말로 이야기나 신문을 만들
것습니다.
맥스가 이야기를 만든 거서 자랑스럽습
니다

▲ 아이들이 메모한 인상깊은 장면

다음 페이지의 자료는 초등학교 2학년 학생이 《피아노 치는 곰》을 읽고 인상 깊은 장면에 대해서 쓴 글입니다. 학생의 어머니도 피아노를

피아노 치는 곰! 독서
2학년 ( )반 ( )번 이름:

집에서 저녁때 동생과, 엄마와 피아노 치는곰을 읽었다. 이 장면은 곰으로 변했었는데 피아노 연주회에서 엄마곰게 연주가 끝나고 나서 미르 엄마로 되돌아 왔다. 왜냐하면 가족들이 엄마곰이 그리워했는데, 엄마로 돌아와서 기뻐하는 장면이 좋았다. 엄마가 피아노를 잘 치고. 피아노를 좋아하니 엄마가 피아노를 칠때 방해를 안할것입니다. 엄마가 어떤때 힘들어 하냐면, 동생이 잘못했을때, 예손이 울때, 엄마가 잘때 예솔이가 몸부림을 쳐서 엄마가 잠은 못자서 힘들어 합니다.

148

좋아하는데, 피아노를 칠 때 방해하지 않겠다는 내용입니다. 그러면서 엄마가 힘들어하는 것들을 떠올려서 글을 썼습니다. 특별한 형식이 없어도 자신의 경험만으로도 글을 써 내려가는 것은 내용을 생성하는 데 부담이 적습니다. 그리고 이러한 경험은 이야기를 써 내려가는 데 도움이 되지요. 저학년 때부터 자신의 경험을 통한 생각이나 느낌을 쓰는 글쓰기를 하면 스스로 삶을 성찰하는 역량을 기르는 데 도움이 됩니다.

배움 정리 글쓰기

"오늘 읽은 책의 주제는 '좋은 습관을 기를 수 있도록 꾸준히 노력하자'입니다. 여러분은 어떤 습관을 기르고 싶은지 생각해볼까요?"

수업 시간에 읽은 글에서 실천하고 싶은 점을 자유롭게 이야기합니다. 실제로 실천할 수 있을지는 의문입니다. 아마 수업이 끝나는 순간 생각도 덮을 것입니다. 가정에서 꾸준히 이런 질문이 이어진다면 아이의 생각이 수업만으로 끝나지 않을 수 있습니다. 주입이 아니라 내면화되는 생각이 중요합니다. 이야기책에서의 감동은 내면화로 이어지는 역할을 합니다.

내가 나를 아는 것이 능력이라고요?

내면화는 자신의 가치체계를 내적으로 조직화하고 자신에게 녹이는 과정이지요. 책을 통한 대리 경험으로 다른 사람과 나를 새로운 시각으로 바라볼 수 있고, 정서를 함양할 수 있습니다. 책 속 세계를 경험하면서 동시에 상상하고, 해석하고, 가치화하고, 반성하고, 실천하는 경험을 통해 내면화가 되는 것이지요. 이 과정에서 자기 자신의 학습을 관리하는 메타인지 능력이 작용합니다.

자신의 학습과 사고 과정에 대해 생각하는 능력이 메타인지입니다. 자신의 강점은 무엇인지, 약점은 무엇인지를 알고, 자신만의 전략을 가질 때 가장 잘 학습합니다.

EBS 다큐멘터리 〈0.1%의 비밀〉에서 상위 0.1% 학생과 일반 학생의 초인지 능력을 비교한 실험을 했습니다. 두 집단은 아이큐도 별로 차이가 없었어요. 두 집단에 암기할 내용을 주고 외우라고 했지요. 그리고 학생들에게 자신이 몇 개 정도 맞출 것 같은지 예측해보게 했습니다. 0.1% 학생들과 일반 학생들이 기억하고 있는 단어 수는 큰 차이가 없어 보였습니다. 하지만 자신이 몇 개 정도 맞출 것 같은지 예측한 결과 상위권 학생들은 자신의 예측과 거의 비슷한 수준으로 암기를 했습니다. 일반 학생들은 예측한 단어와 암기한 단어의 수가 일치하지 않았습니다. 0.1% 학생들은 한 명을 제외하고 모두 일치했습니다.

'자신이 얼마나 할 수 있느냐'에 대한 안목에 있어서의 차이지요. 이 차이는 기억력이 아니라, 자신이 아는 것과 모르는 것을 정확히 인지하고 있는 능력입니다. 이것이 기억력보다 더 중요합니다.

자신이 무엇을 배웠는지 이해하고, 어떻게 그것을 배웠는지 말하며, 배운 내용을 다른 상황에 어떻게 적용할 수 있는지에 대해 생각합니다. 메타인지는 '생각에 대한 생각'입니다. 자신이 배운 걸 알고 있으면, 하나의 맥락에서 획득한 지식을 다른 맥락에 쉽게 적용할 수 있지요. 나의 읽기는 어떤 읽기인가? 나는 어떤 독자인가? 나는 누구인가? 꼬리에 꼬리를 무는 질문을 하며 '지식과 앎'에 대해 성찰합니다. 스스로의 학습에 대해 자기평가를 하고 성찰합니다. 이렇게 책을 읽을 때 의미가 구성되고 이해가 증진됩니다.

이야기를 통해 배운 것을 쓰기

책을 읽고 경험을 쓸 때 초등학생 아이들은 자신이 겪은 여러 가지 일 가운데 하나를 선택해 의미를 찾는 것에 어려움을 겪습니다. 인문학은 인간과 관련된 근원적인 문제나 사상, 문화 등을 중심으로 연구하는 학문입니다. 문학 교육이란 문학 능력을 향상시켜 인간다움을 성취하는 교육활동입니다. 결국 글을 읽고 의미를 구성할 때도 인간답

> 만복이에게 칭찬할 점은 속마음이 따뜻한데 박으로
> 나오는 말이 기분 나쁠 만큼 말여서 속마음이 따뜻한
> 것을 칭찬 한다. 또 만복이가 친구들 마음을 듣고
> 하고 싶었던 것도 하지 않은 점이 감동적이 었습니다.

> 저는 동환이가 방귀를 참을 때 웃긴 표정이 생각나서 재미
> 있있습니다. 그리고 만복이가 은지에게 탬버린을 빌려줄 때
> 평소와 다르게 친절히 웃으며 빌려준 것을 칭찬 합니다.
> 제 경험은 예전에 만복이 처럼 사촌이 싫어하는 별명으로
> 불러 속상한 적도 있었습니다.

▲ 주인공의 미덕을 찾아 칭찬하는 아이들

게 살아가기 위한 삶과 관련된 덕목에서 의미를 구성할 수 있도록 도와주어야겠지요. 인물과 어울리는 가치를 떠올리고, 인물이 어떤 면에서 그런 가치를 찾았는지 문장을 쓸 수 있습니다. 자신의 경험에서 필요한 가치와 이유를 쓰며 문장을 씁니다. 쓰기 과정에서 의미를 부여하고, 깨달음이나 통찰을 하게 됩니다.

위의 자료는 아이들에게 책 속 주인공에게서 친절이라는 미덕을 찾아서 칭찬해주고 그 이유를 찾아 적어보게 한 것입니다. 자신의 경험과 반성할 점을 적은 친구들도 있습니다. 5~6학년으로 갈수록 의미 구성력은 더욱 향상될 것입니다.

배움 일지

읽은 책에서 배운 점, 느낀 점, 실천할 점, 아쉬운 점을 생각해보는 과
정을 통해 반성적 사고를 기를 수 있습니다. 무엇을 배웠는지, 배우고

배운 것	만복이를 보고 놀리지 않아야 하는것을 배웠다. 만복이를 보고 트럭을 쓴 지 않아야 하는것을 배웠다.
느낀 것	만복이가 나쁜아이인줄만 알았는데, 떡을 먹고 착해 진것을 느꼈다.
실천할 것	만복이처럼 친구들한테 재밌는 이야기를 해주는것. 내가 하는 말이 좋은 말로 나오게 하고 싶다.
아쉬웠던 것	프로젝트가 끝나 아쉽다.
배운 것	좋은 책을 고르는법 만복이와 아군이처럼 싸우지 않아겠다
느낀 것	책은 많이 읽어서 더많은 것을 알게되었다
실천할 것	나쁜 습관을 들이지 않아야겠다.
아쉬웠던 것	나머지 5권책을 읽어보고싶다.

▲ 아이들이 쓴 배움 일지

나서 무엇을 할 수 있게 되었는지, 이것을 배우는 것이 왜 중요하다고 생각하는지 등에 대해 생각하고 질문하고 답하는 과정을 밟는 것이 배움 일지입니다.

성찰 일지

성찰은 개인이 삶에서 능동적인 주체가 되어 자신의 앎을 되돌아보고, 구성해가는 적극적인 자기 주도의 과정입니다. 나는 읽는 방법을 제대로 알고 있나, 왜 나의 읽기는 바뀌지 않을까, 나의 읽기는 어떤 읽기인가, 나는 어떤 독자인가, 나의 요즘 읽기는 어떠한가, 나는 대체 누구인가 등에 대해 스스로 질문하고 답하는 과정을 밟는 것이 성찰 일지입니다.

　책을 읽으며 작게는 한 구절의 문구가, 크게는 몇 권의 장편소설이 삶의 의미를 변화시킵니다. 책에서 받은 감동은 내면화로 이어집니다. 아이의 경험과 삶에 연관된 이야기일수록 공감이 잘 일어납니다. 어휘력을 바탕으로 한 글자 읽기부터, 이해력을 바탕으로 한 의미 파악을 통해 일어난 감동은 내면화로 이어져 삶에 적용하고 싶은 실천으로 변합니다. 책을 읽고 자신의 삶을 변화시키거나 자신의 삶의 방향을 설정할 수 있게 되는 것입니다.

2. 책 읽는 것에 대한 생각이 바뀌었나요? 책 읽기에 어떻게 생각하나요?

도서관에 만화책이 없어서 그냥 갔는데
이제 도서관은 꼼꼼히 살며 재밌는 책을 볼수있게요

지금부터 글책을 많이 보고있다.
지금 부터 더 많은 책들를 보고있다.
지금부터 더 도서관을 많이 가고있다.

1. 만복이네 떡집 프로 책토론 하고 『3탄을 읽어볼 까』

2. 내가 책 소개를 잘할수 있을까

1. 도서관 책을 읽을 때 생략된 내용을 짐작 할수 있을까?
2. 장군이네 떡집에 나오는 인물의 마음을 짐작할수 있을까?
3. 다른 책을 읽고 그책을 가족에게 소개할 수 있을까?

1. 앞으로 아무도움 없이 인물의 마음을 짐작할수 있을까?
2. 책소개를 잘할수 있을까??
3. 프로젝트를 혼자서 만들수 있을까???

1. 내가 국어사 전에 모든 발 앞을 짐작할수있을까
2. 나는 선생님없이 배운걸 실천할 수있을까?
3. 배운걸 어른 될때까지 기억할수있을까?

내가 다른 책을읽고 마음을 짐작할수 있을까?

1. 집에서도 낱말의 뜻을 잘 이해할 수있을까

156

그래서 독서에도 안내가 필요합니다. 읽기에서도 쓰기에서도 루틴이 만들어지기까지는 안내가 필요합니다. 독립된 독자로, 평생 독자가 되기 위해서 말이지요. 우리는 아이들이 책을 싫어한다고 생각합니다. 하지만 독서에 좋은 경험이 없어서 안 읽는 것일 수도 있습니다. 좋은 독서 경험을 가질 수 있도록 어른들이 안내해주어야 합니다. 학교에서도《만복이네 떡집》한 권을 읽고 쓰기의 과정까지 20차시의 시간이 걸렸습니다. 하루에 다 읽고 쓰라고 하기보다는 조금씩 읽어주고 스스로 읽고, 쓰기를 병행하며 한 권을 읽더라도 좋은 독서 경험을 가지는 것이 중요합니다.

7단계 글쓰기 루틴의 모든 단계를 해야 하는 것은 아닙니다. 독서의 목적은 생각하는 힘을 길러주는 것입니다. 더 길게 보면 평생 독자가 되어 필요할 때 책을 찾아보고 고민이 있을 때 책으로 문제를 해결할 수 있는 능력을 길러주는 것입니다. 이루고 싶은 목적을 생각하고, 아이에게 맞춰 취사선택해서 루틴을 만들고 실천해나가면 됩니다. 중요한 건 아이의 눈높이에 맞추는 것이지요.

아이가 쓰기 힘들어한다고요? 그럼 밑줄 긋기만 해도 도움이 됩니다. 밑줄 긋기가 별것 아닌 것 같지요? 사실 3학년 친구들에게 밑줄을 그으라고 하면 처음부터 끝까지 다 긋는 친구들도 있습니다. 중요한 내용을 가려내기가 힘든 것이지요. 책을 읽으면서 마음에 와닿는 문장, 중요 사건에 밑줄 긋기부터 시작해도 됩니다. 밑줄 긋기만 해도 중요한 문장을 가려내고 기억으로 전환되어 학습인지에 도움이 됩니다. 모든 교과 학습은 교과서에서 중요한 내용을 가려내는 것부터 시작합니다. 교과서 전체를 암기할 수는 없는 일이지요. 밑줄 긋기만으로도 중요한 내용을 가려내고 이해하고 기억하는 학습이 이루어집니다.

학교에서 20차시 프로젝트 후에 실제로 후속 시리즈를 더 읽어보고 싶다는 친구들이 많아졌습니다. 책을 가지고 와서 읽어달라고 조르는 아이들도 늘었고요. 아이들은 줄글 책이 이렇게 재미있었는지 미처 몰랐다고 말하곤 합니다.

"선생님, 저한테 나쁜 습관이 생기면 그런 습관을 가진 주인공이 나오는 책을 읽고 그 습관을 고칠 거예요."

이렇게 말한 친구는 책을 읽고 무언가를 깊이 깨달았기 때문에 이런 말을 한 것이겠지요. 결국 한 권의 책은 한 문장으로 이해가 되고, 글 속에 있는 문장이 아닌 자신을 걸러서 새로운 문장이 만들어지는 겁니다. 이것이 문해력입니다. 아이가 이 좋은 생각을 실천까지 한다면 삶도 변화될 수 있습니다.

책을 읽는다는 것은 나와 정보를 연결하고 섞어서 새로운 의미를 빚어내는 과정입니다. 글을 읽는 것은 의미를 구성하는 과정이지요. 자신의 경험과 질문을 통해 글을 읽는 동안 의미가 구성되고 이해가 증진됩니다. 각자의 경험 속에서 그러한 지점을 발견하고 의미를 구성할 때 우리는 더 나은 문해력을 위한 새로운 질문을 던질 수 있습니다. 새로운 질문을 던질 수 있을 때 왜 열심히 배워도 자신의 읽기가 실천되지 않는지, 어떻게 하면 자신의 읽기 방법을 본질적으로 향상시킬 수 있을지 고민하게 되지요. 결국 자신의 지식과 앎에 대해 성찰하려는 노력으로 발현됩니다. 세상이 디지털 텍스트 환경으로 급격하게 전환되는 요즘 같은 시대에는 주체적으로 자신의 지식과 앎의 알고리즘을 만들어가야 할 필요성이 더욱 커지고 있습니다.

7단계
쓰기 루틴 만들기

읽고 쓰는 능력은 타고난 재주가 아닙니다. 후천적으로 길러지는 역량입니다. 일상을 살아가면서 접하는 다양한 자극, 경험, 연습을 통해 전반적인 뇌의 기능을 잘 읽고 쓸 수 있도록 활성화시켜야 합니다. 읽기와 쓰기는 단번에 완전히 습득할 수 없으므로 '평생 배워야 하는 능력'입니다. 끊임없이 읽고 쓰는 힘을 갈고 닦아야 합니다. 읽고 쓰는 일은 어느 한순간에 통달하는 능력이 아니라 늘 새로운 상황에서의 능동적인 적용과 반성적인 학습을 통해서 성장하는 고귀한 능력이기 때문입니다.

독립 독자 문해력

독립 독자는 읽기에 필요한 모든 것을 스스로 결정하고 수행할 수 있는 사람입니다. 글을 읽는 데 필요한 능력을 지니고, 글을 읽고 싶다는 요구가 충만하며, 자신이 어떻게, 무엇 때문에 읽는지를 스스로 판단하는 독자입니다. 스스로 앎의 과정을 시작하고 운용하는 능력 없이는 세상의 의미를 능동적으로 구성하고, 인간 공동체에 기여하며, 시대의 변화를 이끄는 전문가나 지도자가 될 수 없습니다.

읽고 쓰는 일은 텍스트와 나의 지식을 통합해 능동적으로 의미를 만들어내는 일입니다. 문해력은 결국 '스스로' 터득해야 합니다. 처음에는 타인의 안내가 필요하지만, 언젠가는 스스로 읽고 쓰고 생각하고 소통할 수 있는 사람이 되어야 합니다. 즉 자율성을 갖추어야 한다는 말입니다. 자율이라는 말 자체가 스스로 관리하고 통제하면서 자기가 하는 일을 조율할 수 있다는 뜻입니다. 무엇이든 주인 정신이 생겨야 아끼고 잘 사용할 수 있습니다. 남의 것이 아니라 나의 것이 되기 때문입니다. 본인이 책임지는 학습 경험은 결과적으로 배우는 사람으로 이끌고, '내가 할 수 있다'라는 주도감, 즉 성공의 경험을 이끄는 데 핵심적인 사회정서적 역량을 함양시킵니다.

문해력을 갖추고, 독립 독자가 평생 독자로서 자신의 배움을 이끌어가기 위해서는 평소에 문해력을 실천해야 합니다. 실천이란 머리와

몸이 다 같이 움직이는 일이지요. 단 한 번의 실천으로는 문해력을 갖추기 어렵습니다. 꾸준한 노력과 연습이 필요합니다. 그것을 가능하도록 하는 것이 루틴입니다. 자신의 상황에 맞게 최소 단위의 루틴에서 점점 확대하는 방식으로 루틴을 만들어야 더 쉽게, 더 오랫동안 실천할 수 있습니다.

독서에는 여러 가지 목적이 있습니다. 재미를 위해서 읽기도 하고, 정보를 얻기 위해서 읽기도 합니다. 모든 독서가 꼭 의미 있어야 한다고 안내해줄 필요는 없습니다. 취미로 시간을 보내기 위해서 독서는 재미만 있으면 됩니다. 한 권이라도 제대로 읽는 경험을 위해 안내를 해준다면 성장의 발돋움이 되겠지요. 문장 쓰기도 힘든데, 갑자기 생각 정리와 배움 정리의 글까지 쓰도록 하는 것은 오히려 책에 거부감만 생기게 합니다. 쓰기도 힘들다면 말로 대화를 나누어보세요. 대화가 된다는 건 글을 쓸 수 있다는 것이니까요.

그것조차 아이가 어려워한다면 부모가 먼저 시작해주면 됩니다. 아이와 같은 책을 읽고 어떤 감정을 느꼈는지, 떠오른 기억이 있다면 무엇인지, 새롭게 다짐하게 된 것은 무엇인지 먼저 이야기해주세요. 그럼 아이는 조금씩 자신의 생각을 풀어낼 것입니다. 아직 어설프더라도 그 생각을 글로 정리할 수 있게 옆에서 기다리고 지켜봐주세요. 이때 중요한 것은 아이의 생각에 정말 관심을 가지고 함께해야 한다는 것입니다. 평생 독자가 되기 위해서는 책에 대한 재미를 끌고 가는 것이 중요합니다. 기억하세요. 평생 가는 일이라는 것을요. 좀 느리면 어떻습니까? 하면 되지요. 절대 조급해하지 마세요. 아이는 어느 순간 급성장을 하게 됩니다.

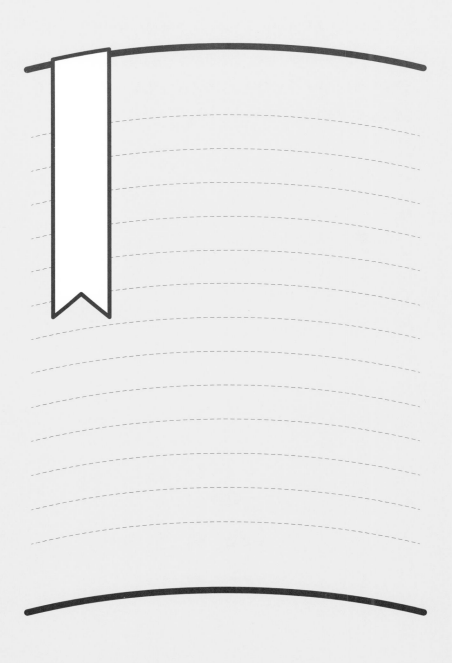

5장

문해력과 함께하는
일상 만들기

초등 교과 과정에 맞춘 학년별 추천 도서

초등학교 1~2학년 때는 취학 전의 국어 경험을 발전시켜 일상생활과 학습에 필요한 기초 문식성을 갖추고, 말과 글(또는 책)에 흥미를 가지도록 합니다. 초등학교 3~4학년 때는 생활 중심의 친숙한 국어 활동을 바탕으로 일상생활과 학습에 필요한 기본적인 국어능력을 갖추고, 적극적이고 능동적인 의사소통 태도를 생활화합니다. 초등학교 5~6학년 때는 공동체와 문화 중심의 확장된 국어 활동을 바탕으로 일상생활과 학습에 필요한 국어 교과의 기초적인 지식과 역량을 갖추고, 국어의 가치와 국어능력의 중요성을 인식합니다.

매년 출판사나 연구회에서 학년 권장 도서를 내보내곤 하지만 우리 아이의 관심사나 흥미에 대한 고려 없이 일괄적으로 나오는 목록입니다. 그러나 학년별 국어 자료 예시를 알고 있으면, 우리 아이의 흥미나 관심 분야에 따라 책을 선정할 수 있을 것입니다.

초등학교 1~2학년 국어 자료의 예

- 우리말 자음과 모음의 다양한 짜임을 보여주는 낱말
- 친숙하고 쉬운 낱말과 문장, 짧은 글
- 마침표, 물음표, 느낌표 등 문장기호가 포함된 글
- 가까운 사람들과 주고받는 간단한 인사말
- 주변 사람이나 흔히 접하는 사물에 관해 소개하는 말이나 글
- 재미있거나 인상 깊은 일을 쓴 일기, 생활문
- 자신의 감정을 표현하는 간단한 대화, 짧은 글, 시
- 재미있는 생각이나 표현이 담긴 시나 노래
- 사건의 순서가 드러나는 간단한 이야기
- 인물의 모습과 처지, 마음이 드러나는 이야기나 글
- 상상력이 돋보이는 그림책, 이야기, 만화나 애니메이션

초등학교 3~4학년 국어 자료의 예

- 높임법이 나타난 일상생활의 대화
- 일상생활에서 가족, 친구와 안부를 나누는 대화, 전화 통화, 문자, 사회 관계망 서비스의 글

- 친구나 가족과 고마움이나 그리움 등의 감정을 나누는 대화, 편지
- 학급이나 학교생활과 관련된 안건을 다루는 회의
- 중심 생각이 잘 드러나는 문단이나 짧은 글
- 가정이나 학교에서 일어난 일에 대해 자신의 의견을 쓴 글
- 본받을 만한 인물의 이야기를 쓴 전기문이나 이야기, 극
- 한글의 우수성을 알게 해주는 다양한 글이나 매체 자료
- 일상의 경험이나 고민, 문제를 다룬 시, 이야기, 글
- 운율, 감각적 요소가 돋보이는 시나 노래
- 사건의 전개 과정이나 인과관계가 잘 드러나는 이야기, 글
- 감동이나 재미가 있는 만화나 애니메이션

초등학교 5~6학년 국어 자료의 예

- 일상생활이나 학교생활에서 발생한 문제를 논제로 한 토의, 토론
- 조사한 내용에 대해 여러 가지 매체를 활용한 발표
- 주변 사람들과 생활 경험을 나누는 대화, 생활문
- 인문, 사회, 과학, 예술, 체육 등과 관련한 교과 내용이 담긴 설명문
- 일상생활이나 학교생활에 대해 글쓴이의 주장과 근거가 잘 나타난 논설문
- 일상생활이나 학교생활에서의 의미 있는 체험이 드러난 감상문, 수필
- 개인적인 관심사나 일상적 경험을 다룬 블로그, 영상물
- 설문 조사, 면담, 동영상 등을 활용해 제작된 텔레비전 뉴스, 광고
- 다양한 관용 표현이 나타난 글
- 다양한 가치와 문화를 경험할 수 있는 문학작품
- 비유 표현이 드러나는 다양한 형식의 시나 노래, 글
- 현실이 사실적으로 반영되거나 환상적으로 구성된 이야기
- 또래 집단의 형성과 구성원 사이의 관계를 다룬 이야기나 극

아이의 삶과 연관된 성장 동화

아이들은 시기마다 좋아하는 책이 다릅니다. 초등학교 1~2학년 때는 기초 문해력을 위한 낱말이나 문장이 담긴 짧은 글, 초등학교 3~4학년 때는 가족이나 학교 등 일상을 다룬 글 등 자신의 경험이나 성장과 관련된 이야기, 초등학교 5~6학년 때는 일상생활, 학교생활이나 또래 집단 이야기 자료를 활용합니다. '학생의 삶과 연관된 것' '학생의 흥미를 끌 수 있는 것' '성장 동화' 등의 글이 독서의 내면화를 이끌기에 좋습니다.

저학년의 경우 짧고 친숙하고 쉬운 책, 흥미 욕구를 충족하는 책을 좋아합니다. 독서, 읽기 능력 면에서는 독서 입문기에 해당하지요. 글자와 소리의 관계를 인식하는 시기라서 소리 내어 읽기가 중요합니다. 이 시기 아이들은 판타지나 쉬운 동화 같은 책을 좋아합니다.

중학년의 경우 현실 동화부터 모험, 신나는 이야기까지 폭이 넓어집니다. 이 시기 아이들은 만화, 명랑소설, 짧은 과학 상식 책을 좋아하지만, 여전히 동화를 좋아하며 주변에서 일어날 만한 일이나 모험, 상상력을 자극하는 작품에 관심을 가집니다. 아이마다 개인차가 있지만 대체로 호기심이 왕성해 다독을 하는 시기이기도 합니다. 보통 2학년에서 3학년으로 넘어가는 시기에 책 읽기에 대한 개인차가 두드러집니다. 이때 어려운 책을 강권하면 책 읽기를 싫어하거나 심한 경우 읽기 장애가 올 수 있으므로 주의해야 합니다. 아이가 관심을 가지는 분야의 책을 읽어주면서 독서 분량을 차츰차츰 늘려갈 수 있도록 도와주는 것이 중요합니다. 관심 분야의 책을 읽으면 다소 분량이 있는 책도 읽어낼 수 있는 힘을 기르게 됩니다.

고학년의 경우 지식 위주, 역사를 다룬 책에 흥미를 가지기 시작합니다. 읽기와 독서 능력 면에서 기초 독해기로 지식과 논리가 쌓여가는 시기라고 말할 수 있습니다. 고학년은 객관적인 이해를 넘어서 초보적이나마 나름의 해석과 분석이 이루어지는 시기입니다. 직접 드러나지 않은, 글의 배경과 상황을 분석하고 인물을 자기 나름대로 평가하는 초보적 비평 활동이 가능할 정도로 사고 활동이 왕성해집니다. 또 결론이 뻔한 이야기보다 갈등 구조가 드러나거나 현실에서 있을 만한 이야기에 더 흥미를 보이며, 사건 전개가 빠르고 인물의 심리가 잘 묘사된 이야기, 상상과 유머가 있는 이야기를 좋아합니다.

독서의 핵심은 '지식'이 아니라 '재미'입니다. 재미있는 이야기책은 '힘든' 독서를 흥미진진한 스토리로 상쇄하는 마법을 부리지요. 재미있게 책을 읽는 동안 깊이 빠져들게 되고 이해력도 문해력도 쑥쑥 올라가게 될 것입니다.

아이에게
맞는 책을 고르기

아이의 문해력에 맞춰 적당한 책을 직접 선택하게 하면 좋습니다. 아이에게 책 선택의 자율성을 주지 않고 일방적으로 도서를 선정하면 아이 입장에서는 책에 대한 자신의 흥미를 고려하지 않았으니 독서 태도 형성에 부정적인 영향을 미칠 수 있습니다.

아이에게 책 선택의 자율성을 준다면 흥미와 자신감을 높여주어서 책 읽기에 긍정적인 효과를 줄 수 있습니다. 하지만 막상 서점이나 도서관에 가서 아이에게 스스로 책을 고르라고 하면, 어떤 책을 선택해야 할지 몰라서 고민하는 모습을 목격하게 됩니다. 모든 학습자가 책을 선택하는 기술을 타고나는 것이 아니기 때문에 독서에 대한 흥미를 유지하기 위해서 아이들은 흥미를 가지고 읽을 수 있는 책을 스스로 선택하는 방법을 배워야만 합니다

"선생님, 읽을 책이 없어요."

도서관에 많은 책이 있어도 아이들은 종종 이런 말을 합니다. 책이 너무 많아서 그 많은 책 중에서 선택하는 게 쉽지 않은 것입니다. 아이들이 탐색 과부하의 문제를 겪는 것이지요. 책 읽기를 좋아하는 아이들도 무엇을 고를지 몰라 난감해하는 모습을 종종 보게 됩니다.

선택할 수 있는 책이 너무나 많은 상황에서 아무 제한 없이 책을 고르면 인지적 과부하, 정보 과부하의 문제가 높아집니다. 또한 선택한 책이 아이의 수준에 적절하지 못하다면 책을 읽고 나서도 좌절을 경험하기 때문에 오히려 읽기 활동이 중단될 수 있습니다. 따라서 자율적인 책 선택의 기회를 제공하되 아이의 수준에 맞고 흥미를 충분히 주는 책을 선정할 수 있도록, 책 선정의 기준을 알려줄 수 있어야 합니다.

책 선택 과정은 배경지식, 경험, 제목, 장르, 저자 등에 대한 지식, 책의 표지나 내용에서 제공하는 단서, 추천이나 리뷰에 대한 기억 등 다양한 요인이 작용하는 탐색의 과정이라고 볼 수 있습니다. 이는 대체로 무엇을 읽을지 명확하지 않아 책장 살펴보기부터 시작하는 탐색 단계, 책장을 살펴보면서 구체적으로 읽을 책으로 좁혀가는 초점화

단계, 책을 자세히 살펴보고 어떠한 책인지, 읽어볼 만한지 등을 판단하는 분석 단계, 그리고 선택할 것인지, 후보로 올려둘 것인지, 거부할 것인지를 결정하는 최종 결정 단계로 이어집니다.

좋은 책을 선정하는 기준

좋은 책을 선정하는 기준으로 북매치Bookmatch 전략을 활용하면 좋습니다. 저는 아이들이 책을 쉽게 선택할 수 있도록 선정 기준을 네 가지로 줄였습니다. 이 네 가지를 기준으로 책을 선택하면 좋습니다.

좋은 책을 선정하는 네 가지 기준

❶ 책의 길이	❷ 다섯 손가락의 규칙
❸ 장르	❹ 흥미

첫째, 책의 난이도 면에서 책의 길이(두께와 밀도)를 살펴보고 이 책의 길이는 나에게 알맞은가를 생각합니다. 너무 짧은지 아니면 너무 긴지 살펴보아야 합니다.

둘째, 읽고 싶은 책의 어느 페이지든 무작위로 펼치고, 그 페이지를 다 읽는 동안 뜻을 잘 모르는 낱말이 다섯 개 이상인지 살펴봅니다. 다섯 손가락 규칙이라고 하는데, 세 개 이하가 발견되었다면 자신에게 적절하다고 판단할 수 있습니다. 어려운 낱말이 하나도 없다면 너무 쉽다고 볼 수 있습니다. 스스로 난이도를 판단하고 결정하는 데 책임을 지도록 격려하는 것이 중요합니다.

셋째, 내적 관심을 살펴봐야 합니다. 책의 장르는 무엇이고, 이런 장르의 글을 읽은 경험이 있는지, 좋아하는 장르인지를 살펴보는 것입니다.

넷째, 이 책의 주제에 흥미가 있는지, 저자, 삽화가에 흥미가 있는지, 이 책은 다른 사람이 추천한 책인지를 살펴보고 책을 선택하는 것이 좋습니다.

처음에 성공하지 못하더라도, 자신의 선택을 되돌아보고 선택에 대한 자기 점검을 통해 책 선택에 대한 만족도가 향상될 수 있습니다. 책의 난이도와 수준을 학년별로 제시하는 독서 목록을 주기보다는 아이 수준에 맞게 적절한 책을 선택해 자기 주도적으로 독서를 조절할 수 있어야 합니다. 그래서 아이들이 책을 선정하는 기준을 익히게 하는 게 좋습니다.

자신에게 적절한 책이란 아이마다 다르기 때문에 스스로 적합한 책을 선택하는 방법을 알아야 합니다. 책을 선택하면서 다양한 책이 있음을 알게 되고 그로 인해 독서의 영역을 확장시키기도 합니다. 아이의 관심과 흥미 영역에서 책을 선택하고 읽으면 책을 읽고 나서도 적극적으로 의미를 구성할 수 있고 독서의 영역까지 확장됩니다. 이렇게 독서 영역을 확장해 다양한 종류의 책을 읽으면서 다양한 지식을 이해하고 그에 맞는 독해 전략을 적용하면 읽는 기능이 신장되고 평생 독자로서 문해력을 향상하는 데도 도움이 됩니다.

단 1초 만에
시선 잡기

낚시 용어 중에 후킹Hooking이라는 말이 있습니다. 고기가 입질을 했을 때 수면에 늘어진 원줄을 감아 팽팽하게 해놓은 상태에서 낚싯대를 위로 올려 채는 동작을 챔질이라 합니다. 챔질을 했을 때 바늘이 물고기 입에 걸리는 것을 후킹이라 합니다. 영어로 어딘가에 빠져 있을 때도 'I was hooked on'이라고 쓰지요. 마케팅에서도 자주 사용하는 용어입니다. 우리가 물건을 살 때 순간적으로 확 끌릴 때가 있는데 이럴 때 후킹당했다고 합니다.

독서를 하기 전에도 책을 읽고 싶다는 마음이 들게끔 후킹하는 작업이 필요합니다. 원래 독서를 좋아해서 여러 종류의 책을 섭렵하는 아이들이라면 굳이 책을 보자고 하지 않더라도 시간이 나면 책을 볼 것입니다. 그렇지 않은 아이들의 경우에는 책을 보자는 말 자체가 시시한 일을 하자고 느끼거나 재미없는 걸 하자고 느끼기도 합니다.

우리가 인터넷을 하다 보면 글이나 동영상 중에서 제목이 유난히 눈에 띄는 것을 순간적으로 클릭하게 되잖아요. 아이들도 똑같습니다. 제목이든 그림이든 아이들의 시선을 잡을 수 있게끔 유도해야 합니다. 읽고 싶다는 마음으로 옆에 앉아 있는 것만으로 절반은 성공한 셈입니다. 책을 읽기 전에 표지 읽기, 배경지식 활성화, 빈칸 메우기 방법으로 아이의 시선을 잡을 수 있습니다.

표지도 읽어요

독서를 시작하기 전 단계로 아이들과 함께 책의 표지를 읽어봅니다. 책을 읽기 전 제목, 표지, 속표지 등을 살펴보며 탐색 활동을 하는 것입니다. 앞표지와 뒤표지를 살펴보며 혼자서는 놓치기 쉬운 부분까지 상상의 나래를 펼쳐봅니다. 그러기 위해서는 표지부터 아이들의 눈길을 끌어야 합니다. 책 표지 일부를 가려두고 궁금증을 유발해 관심이 가도록 하는 것도 방법입니다. 함께 책을 읽는 동안 학생들의 흥미가

표지 읽기를 활용한 시선 잡기 예

표지 그림	· 표지 분위기 · 표지의 전체적인 그림과 작은 그림 · 표지 장소 및 배경 · 뒤표지까지 펼쳐서 연상되는 이미지
표지 인물	· 인물의 행동 · 인물의 표정 · 인물의 기분 유추
책 모양, 글씨	· 책 모양 · 제목 글씨 · 제목으로 내용 유추

떨어지지 않도록 끝까지 끌고 가는 것이 중요하기 때문입니다.

책과 관련된 동영상을 보여주며 배경지식을 활성화해 관심을 유도할 수도 있습니다. 또한 같은 작가의 다른 책을 이미 읽었다면 그 책을 이야기하면서 배경지식을 활성화할 수도 있습니다.

책을 읽어주기 전에 읽어본 아이들도 있고, 본 적이 있던 아이도 있고, 혹은 이미 가지고 있는 아이도 있습니다. 소란스럽고 읽어봤다고 해도 실망할 필요는 없습니다. 꼭 새로운 책만 읽어줘야 하는 것은 아닙니다. 이미 읽은 아이들은 그 책에 대한 기억을 떠올리면서 읽을 것입니다. 이미 읽었더라도 함께 읽으면서 미처 발견하지 못한 새로운 점을 다시 보게 되는 계기가 될 것입니다.

아래의 책을 아이들에게 보여줄 때 '소금'과 '맷돌'에 포스트잇을 붙여 핵심 단어를 가립니다.

"표지 그림에 뭐가 있죠?"

"할아버지요."

"배요."

"바다요."

"그림 밑부분에 하얀 건 뭘까?"

▼ 《소금을 만드는 맷돌》 표지, 홍윤희, 예림당, 2018

"소금이요."

"왜 그렇게 생각했지?"

"제목에 소금을 만든다고 해서요."

"아! 그럴 수도 있겠네."

표지 그림에 무엇이 있느냐고 묻는 순간, 제목에 꽂혀 있던 눈들이 전체적인 그림을 보며 그림을 자세하게 살피기 시작합니다. 그림만으로는 이름을 정확하게 모를 수 있어 여러 가지 이름이 나오기 시작합니다. '노'를 잘 몰라서 막대기라고도 합니다. 틀렸다고 하기보다는 '배를 젓는 노'라고 설명해줍니다. 표지에 무엇이 있는지 찾는다는 자체가 호기심이 있다는 것이니까요.

어른들이 보기에는 맷돌이라는 답이 쉽게 나올 것 같지만, 그렇지 않은 때도 있습니다. 아이들에게 맷돌은 만져본 적도 써본 적도 없는 물건이어서 제목에 있다고 하더라도 생각보다 잘 안 나올 때가 많습니다. 맷돌이라고 얘기해주며 맷돌의 쓰임새에 대해 너무 많이 알려주려고 하기보다는 간단하게 얘기해주면 됩니다. 이렇게 그림으로 어휘를 익히게 됩니다.

"할아버지 표정이 어때요?"

"슬퍼 보여요."

"당황해 보여요."

"왜 그럴까?"

"바다에 빠지려고 해서요."

"바다에는 왜 빠지게 되었을까?"

아이들이 말도 안 되는 이야기를 하더라도 다 받아주세요. 이야기란 원래 상상의 세계가 아니던가요?

"그럼, 어떻게 된 건지 한번 읽어보자."

이제 아이들은 할아버지가 왜 바다에 빠지게 되었는지가 궁금해서 빨리 읽어달라고 아우성칩니다. 배경지식 활용하기와 표지 읽기는 이렇게 진행됩니다. 표지 읽기 항목에는 여러 가지가 있지만, 모든 표지마다 하나하나 짚어주는 것이 중요한 게 아닙니다. 표지마다 유난히 눈에 띄는 부분이 있습니다. 그런 것 위주로 이야기하면서 아이들에게 읽고 싶다는 생각이 들게 하는 게 중요합니다.

책 표지 읽기의 목적은 읽고 싶게 만드는 것

책을 읽기 전 각 항목에 대해서 자유롭게 이야기를 나눈 후에 책 읽기에 들어갑니다. 자유롭게 이야기를 나눌 때는 많은 정보를 주는 것에 그쳐서는 안 됩니다. 이 모든 행동의 목적은 표지에 대한 설명이 아님니다. 아이가 '책 읽고 싶다'라는 생각이 들게끔 하는 것이 목적입니다.

이야기를 나누다가 궁금한 점이 있다는 것은 아주 좋은 징조입니다. 성급하게 답을 주기보다는 여러 가지를 상상할 수 있게끔 해주는 것이 좋습니다. 혹은 갑자기 책을 보고 생각을 떠올리기 힘들 때도 있습니다. 그럴 때는 표지에서 살펴볼 부분을 짚으면서 이야기하듯 말한 후에 궁금한 것을 메모지에 적어보라고 시간을 주는 것도 방법입니다. 떠오르는 질문을 적은 메모지를 보며 상상하고, 댓글을 달거나 이야기를 나누는 것이 좋습니다. 어떤 내용의 이야기일지 추론하고 대화를 나누는 것도 좋습니다.

시선 잡기의 근원적 목적은 독서 활동에 적극적으로 참여하는 독자로 성장시키는 데 있습니다. 학생들이 평생 독자가 되어 스스로 삶의 문제나 고민을 해결하는 방안으로 독서를 했으면 하기 때문이지요. 독서 활동에 적극적으로 참여하기 위해서는 재미있게 책을 읽어야 합니다.

고통 없이
책 읽어주기

아이들에게 책을 읽어주는 것이 숙제처럼 느껴지나요? 아이에게 책 읽어주기를 하다 보면 책을 끝까지 읽어야 한다는 책임감이 강하게 듭니다. 완주가 목표가 되는 격입니다. 하지만 읽기 전과 읽기 후에 변화가 없다면 끝까지 읽는 것에 무슨 의미가 있을까요?

아이들에게 책을 읽어줄 때 동화를 구연하듯 읽어주어야 하는지, 과하게 동작을 하면서 읽어주어야 하는지 물어보기도 합니다. 물론 그런 재능이 있어서 재미있게 읽어주고, 동작도 해준다면 좋아할 것입니다. 아이들이 책을 읽어주는 시간도 기다릴 것이고요.

하지만 책을 읽어주는 사람이 책 읽어주기가 부담스럽다면 책 읽기를 지속할 수 있을까요? 기억하세요. 우리가 아이들에게 책을 읽어주는 이유는 아이가 평생 독자로 성장해서 고민이 있을 때 책에서 해결 방법을 찾아가는 어른이 되었으면 하기 때문입니다. 책을 통해 얻은 한 줄의 통찰력을 실천하며 삶의 중심을 잡고 살아가기를 바라기 때문입니다. 부모가 책을 읽어주기 부담스러워한다는 것을 보여주기 위해서가 아닙니다. 부모가 책을 대하는 태도는 아이에게 그대로 드러나기 마련입니다.

책을 읽어주는 것도 부모에게 편한 방식으로 자리를 잡고 부모의 일부가 되어야 아이한테 부담 없이 읽어주게 됩니다. 책 읽어주기의 본질을 꿰뚫고 있다면 얼마든지 자신에게 맞게 자유롭게 변형할 수 있습니다. 그 과정을 시도하고 실천해보세요.

책을 읽어줄 때 처음부터 끝까지 글자를 읽는 것과 읽어주는 사람이 의미와 분위기를 느끼면서 읽어주는 것에는 큰 차이가 있습니다. 의미와 분위기를 함께 느끼면서 읽어줄 때는 아이도 그 호흡을 따라오는 것을 느낄 수가 있습니다.

아이와 함께 느끼는 시간은 보약

책을 읽어주는 사람도 읽다 보면 책이 주는 감동에 빠져들기 마련입니다. 읽어주는 사람의 목소리에 자연스럽게 높낮이 변화가 생기고 표정도 바뀔 것입니다. 책을 아이에게 읽어주면서도 그 내용을 충분히 느끼고, 읽어주는 시간 동안 아이와 함께하는 시간 자체도 즐기면 함께 행복한 시간을 가지게 됩니다. 아이와 함께 놀라고, 아이와 함께 즐겁습니다. 부모가 읽어주는 책에 아이가 푹 빠질 때는 세상이 고요해집니다.

이 자체로도 얼마나 행복한 시간일까요? 시간이 지나면 아이와 함께했던 시간들이 보약처럼 느껴질 때가 있을 것입니다. 앞으로 아이가 힘든 시간을 보내는 것을 옆에서 지켜만 보아야 할 때도 있고, 함께 있고 싶어도 떨어져야 할 시기가 옵니다. 아이에게도 이 시간이 보약이 되어 방황할 때 아이를 지켜줄 힘이 되어 돌아올 것입니다.

저학년을 위한 그림책은 나누지 않고 읽어주고, 중학년과 고학년을 위한 책은 분량에 따라 나누어서 읽어줍니다. 장을 나눌 때는 이야기의 발단, 전개, 절정, 결말을 고려해 적절히 나누어줍니다. 뒷이야기를 궁금해할 부분에서 적절히 나누어 읽어주어도 좋습니다. 아이들은 다음 내용을 아주 궁금해하며 기다립니다.

밀고 당기며 책 읽어주기

책 읽어주기 단계에서는 유의미한 대목에서 질문을 던져보는 활동이 필요합니다. 유의미한 대목이 무엇인지 생각해봅니다. 예전에 우리가 배운 분석적 읽기는 정답이 있었습니다. 절정이 어느 부분이고, 단서는 무엇인지 찾아가며 읽었습니다. 하지만 한 줄을 읽더라도 사람마다 느끼는 것이 다르고, 같은 책을 읽어도 각자가 느끼는 감동과 메시지는 다릅니다.

유의미한 대목이 꼭 하나여야 하고, 정해져 있을까요? 아이와 내가 읽다가 흠뻑 빠지는 부분이 있을 것입니다. 고요함 속에서 책에 몰입했을 때, 그야말로 인물에게 공감하고, 작품 속에 빠져드는 순간이 유의미한 대목입니다.

어떤 부분에서는 뒷이야기를 들려주고 싶고 읽어주는 사람도 궁금하지 않은가요? 그때가 타이밍입니다. 상황이 급변하거나 위기 상황 또는 새로운 상황의 전개 등과 같은 부분에서, 알려주고 싶은 부분에서, 읽어주기를 멈추어보세요. 아이도 궁금해하고 같이 숨죽이는 장면에서 질문해보세요.

"어떡하지?" "어떻게 되었을까?" "왜 이렇게 되었지?"라고 질문을 던지면 아이의 생각도 불쑥 나올 것입니다. 내 생각과 다른 생각에 놀라게 됩니다. 생각에 맞고 틀린 게 어디 있을까요. 웃긴 생각에는 함께 웃고 뒹굴어요. 읽어주는 사람 또한 즐겁습니다. 내가 웃으면 아이도 즐겁습니다. 부모님도 책을 즐기는구나! 이것보다 더 좋은 교육이 있나요? 감동과 기억은 오래도록 아이와 함께할 것입니다.

"책 읽어라" 말하기 전에 그냥 책을 읽어주세요. 자연스럽게 듣고 있을 것입니다. 아이를 재우기 위해 읽어준 이야기가 오히려 아이들의 잠을 깨운 적이 많았습니다. 이야기를 듣다가 책에 빠져 눈이 점점 더 말똥말똥해진답니다. 그다음이 궁금하니 잠을 잘 수가 없답니다. 끝을 봐야 책 읽기를 그만두다 보니 오히려 늦게 잔 적이 한두 번이 아닙니다. 책을 읽어주면 이야기에 빠져서 잠이 안 온다는 걸 아이가 말하고 나서야 알았습니다. 그 후에는 편안한 책을 읽어주었습니다. 청소년 서적 중에도 마음이 자라는 이야기 영역에 속하는 책들이 있습니다. 그런 책들을 꾸준히 읽어주었습니다. 《선물은 누구의 것이 될까?》《이솝》《천로역정》《연금술사》 같은 책입니다.

아이가 중학생이 되니 철학적 이슈와 관련된 일을 말하면서 이야기꽃을 피우기도 했습니다. 학교에서 일어난 일이 문득 떠오르면 "어떻게 생각하니?" 하고 물어보며 이야기를 나누다가 잠들기도 했습니다. 자연스럽게 중학교 2학년이 될 쯤에는 책을 읽어주기보다 학교생활에 대해서 생각과 의견을 나누는 일이 많아졌습니다. 그렇게 책 읽어주기는 서서히 마무리가 됩니다.

미래 사회의 나침반, 디지털 리터러시

디지털 리터러시Digital Literacy는 디지털 환경에서의 문해력을 말합니다. 즉 디지털화된 정보를 읽고 쓸 줄 아는 동시에 효과적으로 의사소통할 수 있는 능력입니다. 다양한 디지털 미디어에 따라 생산되는 콘텐츠의 의미를 파악해 활용하는 능력은 물론 디지털 미디어를 이용해 콘텐츠를 생산하고 유통할 수 있는 능력까지도 포함합니다.

공부에 숙제에 학원까지, 할 일은 많은데 스마트폰만 보고 있는 아이를 보고 있으면 답답합니다. 아무리 책을 좋아하는 아이가 되었으면 좋겠다고 생각해도 우리 아이는 이미 디지털 환경에서 자라고 있습니다. 우리 아이들은 어릴 때부터 스마트 기기를 접한 세대지요. 디지털을 차단하고 회피해서는 살아갈 수 없는 시대가 되었습니다. 디지털 세상이 누군가에게는 세상을 바꿀 힘이 되고, 누군가에게는 각종 유해물이 노출된 중독의 늪이 되기도 합니다. 이 환경을 바꿀 수 없다면 그 무엇보다도 디지털 미디어를 이해하고 비판적으로 사고하는 능력이 절실히 필요합니다. 국어사전에서 '비판적'이라는 말은 '현상이나 사물의 옳고 그름을 판단하며 잘못된 점을 지적하는 것'입니다. 디지털 읽기는 비판적 읽기의 연속이지요.

미디어 컨버전스

디지털 기술을 기반으로 한 컴퓨터와 인터넷의 등장으로 기존 미디어들이 서로 융합되는 '컨버전스Convergence 현상'이 일어나고 있습니다. 주어진 미디어의 내용을 단순히 받아들이고 사용하는 소비자에서 벗어나 그 내용을 변형하면서 새로운 형태로 만들어내는 생산자가 되었다는 것을 의미합니다. 새로운 정보를 찾아내고, 흩어져 있는 정보를 연결하는 문화적 변화를 의미합니다. 이런 컨버전스 환경에서는 개인이 생성한 콘텐츠를 인터넷에 올리고 공유하며, 사람들에게 공유된 정보나 콘텐츠를 재생산해 또 다른 형태의 콘텐츠를 생산하게 됩니다. 사람들의 참여를 유도하고 적극적으로 공유하는 문화가 된 반면, 정보의 출처나 근거를 알 수 없는 정보도 같이 생산되고 있습니다. 누구나 정보 생산자가 되었기 때문이지요. 무분별한 정보가 넘쳐나는 환경에서는 정보를 걸러내는 능력이 절실히 필요합니다. 정보 이면에 가려진 목소리를 확인하기 위해서는 어떻게 해야 할까요?

첫째, 누가 이야기하고 있나요? 디지털 정보 제공자가 누구인지 확인해야 합니다. 정부 혹은 개인 상업용 사이트인지, 신뢰성 있는 사이트인지를 살펴봅니다. 공신력 있는 사이트에서 제공하는 정보일수록 신뢰할 수 있겠지요.

둘째, 근거가 무엇인가요? 정보를 뒷받침하는 근거가 무엇인지 꼼꼼하게 읽어야 합니다. 근거가 정확할수록 믿을 만한 정보겠지요.

셋째, 다른 사이트에서는 어떻게 말하나요? 같은 부류의 정보를 다른 사이트에서는 어떻게 말하는지 찾아보며 정보의 신뢰도를 높일 수가 있습니다.

이처럼 디지털 환경에서는 비판적 읽기의 힘을 반드시 길러야 합니다.

노벨평화상 수상자인 마틴 루터 킹 주니어Martin Luther King Jr.는 다음과 같이 말했습니다. "교육은 거짓에서 참을 분간하고 허위에서 사실을 판별할 수 있도록 근거를 거르고 따져볼 수 있는 능력을 길러주어야 한다." 디지털 환경에서 사람들은 쉽사리 주의력을 잃기 쉽습니다. 동영상은 너무도 강렬합니다. 자극적이고 중독성이 있지요. 디지털 콘텐츠에 익숙해진 뇌는 '읽는 힘'을 기르기가 어렵습니다. 눈으로 글자를 읽고, 머리로 이해하고, 깊이 읽기를 위해 주의를 기울이는 것이 너무 힘듭니다.

스티브 잡스**Steve Jobs**는 자녀들의 IT 기기 사용을 엄격하게 통제한 것으로 유명합니다. 2010년 1월 아이패드가 출시되었을 때 잡스의 아이들은 19세, 15세, 12세였는데도 아이패드 사용을 허락하지 않았다고 하지요. 페이스북(현 메타)의 CEO 마크 저커버그**Mark Zuckerberg**도 2014년 12월 페이스북 사용자들과의 타운홀 미팅에서 "내 아이들이 13세가 되기 전에는 페이스북을 쓰도록 허락하지 않을 것"이라고 말했습니다. 자녀들의 IT 사용을 철저하게 통제하는 것은 이들이 누구보다 IT 기기 남용이나 중독의 위험성을 잘 알고 있기 때문입니다.

초등학교 시기는 읽는 힘을 기르는 시기입니다. 뇌과학자이자 카이스트 교수인 김대식은 "아이들이 열두 살 이전에 다양한 책을 읽고 이해하는 능력을 기르는 교육을 해야 한다"라고 말했습니다. 디지털 리터러시를 위한 비판적 읽기는 고차원적 사고력입니다. 생각하는 힘이 필요합니다. 책을 읽고 내용을 이해하며 스스로 의미를 구성하는 자체가 생각하는 능력을 기르는 사고 과정입니다. 그리고 초등학교 시기의 읽는 힘은 평생 삶의 무기가 됩니다.

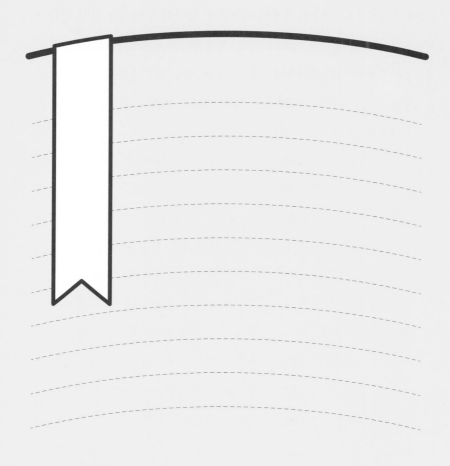

◦ **수석교사란?**

교육경력이 15년 이상인 교사가 자격 대상이며 그중에 수업 전문성이 있는 교사만이 선발됩니다. 수석교사추천위원회의 추천과 서류심사, 동료교원 면담, 심층 면접 등 다양한 과정을 통해 선발합니다.

부록

국어과 수석교사가 알려주는
친절한 Q&A

글쓰기가 너무 막막한데
어떻게 해야 할까요?

우선 아이들이 글쓰기를 좋아해야 합니다. 책을 읽는 동안 인물들이 겪은 일을 보며 함께 웃고 행복해하며 부끄러워 해야 합니다. 인물의 경험을 함께 겪은 아이들은 할 얘기도 참 많습니다. 이러한 것들이 말하기의 재료가 되고, 글쓰기의 재료가 됩니다.

책을 잘 읽어주었나요?

아이와 함께 책 읽기가 즐거웠나요?

아이와 함께한 책 놀이가 재미있었나요?

등장 인물이 느낀 감정이 고스란히 남아 있나요?

그럼 아이들도 느끼고 있을 겁니다. 책을 읽고 감동한 뒤 비슷한 일을 경험했다면 더 쓸 이야기들이 많아지겠지요. 아이들은 "선생님, 제가요" 하며 자기 얘기를 하기 바쁩니다. 한 아이가 이야기하면 다른 아이도 질세라 자기 이야기를 꺼내기 바쁩니다. 하고 싶은 이야기가 많으면 쓸 이야기가 많아지고, 쓸 이야기가 많아지면 글쓰기도 즐겁습니다.

수업 시간에 이야기 꾸미기를 한 적이 있었습니다. 장면 네 컷을 보여주고, 순서대로 배열해 자신의 상상대로 이야기를 만들어 쓰는 것이었지요. 아이들은 초등학교 2학년에서 갓 올라온 데다 코로나로 학교에 온 날이 별로 없어서 수준차가 굉장히 심했습니다. 독서 수준의 편차도 심했지요.

그런 상태에서 네 장면으로 이야기 꾸며 쓰기가 부담스럽지 않을까 걱정이 되었습니다. 편차가 심한 편이어서 자세한 안내가 필요했습니다. 우선 네 컷의 이미지를 자세히 살펴보기로 했습니다. 그림을 살펴본 뒤 보이는 부분을 발표했습니다. 처음에는 쭈뼛쭈뼛하던 아이들이 한두 명의 발표를 듣고 너도나도 자신이 찾은 것을 발표하기 시작했습니다. 아이들의 발표를 들어주기만 하면 됩니다. 맞고 틀렸다고 할 필요도 없습니다. 어차피 그 재료 중에서 맘에 드는 것을 고르는 건 아이들이니까요.

네 컷의 이미지를 모두 살펴보고 나니 이야기 재료가 풍성해졌습니다. 풍성한 재료를 보면 안심이 되는 모양입니다. 이제 이 그림을 어떻게 배열하면 좋을지 생각해보기로 합니다. 재료가 있는 상태에서는 그림의 순서를 어떻게 바꾸든지 부담이 없습니다. 아이들은 상상의 나래를 펼치기 바쁩니다. 정말 다양한 순서가 나왔습니다.

"이제 여러분들이 작가예요."

주인공의 이름을 정하고, 사는 곳도 이름을 지어서 이야기를 만들기 시작했습니다. 원인과 결과에 따라 이야기의 뼈대를 만들기도 했습니다. 이야기의 뼈대를 만들 때는 교사의 피드백이 필요합니다. 뼈대는 이야기가 비약적으로 튀지 않고 문맥에 맞게 잘 흘러가게 하기 때문입니다. 그 외에는 친구들의 상상력에 맡기고 허용해주었습니다. 글씨를 못 써도 괜찮습니다. 띄어쓰기를 못 해도 괜찮습니다. 그냥 쓰면 됩니다. 친구들의 주인공 이름을 보고 키득키득 웃기도 하고, 사는 시대가 다른 것에 재미있어하며, 글쓰기 하는 내내 즐거운 풍경이 이어졌습니다.

사실 이야기 꾸며 쓰기를 하는 동안 힘들지는 않을까 걱정했습니다. 하지만 아이들은 즐거우면 글을 씁니다. 실제로 아이들에게

준 8절 글쓰기 용지가 모자라서 글쓰기 용지를 더 받아서 쓰는 친구들이 꽤 많았습니다.

　다 쓴 글은 유명 작가의 그림책을 읽어주듯 읽어주었습니다. 이야기의 작가들은 완전히 집중해서 이야기를 듣습니다. 친구의 글은 더 집중이 되는 모양입니다. 글 속에는 선생님도 등장인물의 한 명으로 나오기도 합니다. 읽는 내내 저 또한 즐거웠습니다. 아이들의 상상력이 너무 기발해서 가끔 놀라기도 합니다. 글쓰기의 성취감이 다음 글쓰기를 즐겁게 할 것입니다.

책 놀이가 글쓰기 공부에
도움이 될까요?

아이에게 책을 읽어주기 위해서는 책 표지부터 아이의 시선을 잡아야 합니다. 낱말 놀이, 책 놀이, 책 대화 나누기를 하면서 책으로 잘 놀면 글도 더 잘 쓰게 됩니다. 아이들은 '놀이'를 좋아합니다. 글쓰기 전에도 '놀이'가 필요한 것입니다. 놀이를 통해 글의 재료를 담게 되고, 글을 쓰기 위한 경험을 만들어냅니다. 아이가 잘 쓰기 위해서는 더 잘 놀게 해주어야 합니다.

이케가야 유지, 이토이 시게사토 박사가 쓴 《해마》에는 다양한 실험이 나옵니다. 해마는 기억의 제조 공장입니다. 실제로 사람의 머리에서 해마를 떼어내면 새로운 기억을 제조할 수 없게 됩니다. 5분 정도는 기억하지만 5분이 지나면 잊어버립니다.

해마의 신경세포는 계속 증가합니다. 해마의 신경이 늘어나면 더 똑똑해지게 됩니다. 해마의 신경세포는 수명이 수개월 정도입니다. 몇 개월만 지나면 완전히 새것으로 바뀌는 것입니다. 우리 뇌에서 입력을 담당하는 부위가 해마입니다. 우리 뇌가 사고를 하는 데 기본적인 열쇠를 쥐고 있는 부위지요.

해마의 힘을 늘리는 실험이 하나 있었습니다. 쳇바퀴와 터널 등 다양한 놀이 환경을 갖춘 곳에서 자란 쥐와 물 마시는 곳 이외에는 아무것도 없는 단조로운 곳에서 자란 쥐를 비교해보았습니다. 그 결과 놀잇감이 많은 환경에서 자란 쥐의 해마가 크다는 결과가 나왔습니다. 그러나 아무것도 없는 환경에서 자란 쥐를 자극적인 환경으로 옮기면, 며칠 만에 해마의 신경세포가 다시 늘어납니다. 반대로 놀잇감이 많은 환경에서 자란 쥐를 자극도 없는 곳으로 옮기면 해마는 며칠 만에도 약해집니다.

사람에게 적용해보면, 자극에 따라 사람이 총명해지기도 하고 아니기도 합니다. 새로운 자극에 노출되는 사람은 입력을 주관하는 해마에 많은 자극을 받습니다. 그래서 해마의 세포가 늘어나는 비율과 사라지는 비율을 볼 때 늘어나는 비율이 훨씬 높아지게 되는 것입니다. 해마가 커지면 정보를 처리하는 능력도 향상되므로 긍정적인 순환이 계속될 수 있습니다.

모든 경험을 다 할 수 없는 요즘에 간접경험으로 자극을 줄 수 있는 책이란 얼마나 좋은 재료인가요? 자극을 주면 해마가 늘어나니 정보 처리 능력도 향상됩니다. 정보 처리 능력이 향상되면 정보를 더 잘 받아들이고 기억하게 됩니다. 더 똑똑해지면 공부가 더 잘됩니다. 얼마나 좋은 선순환인가요?

책 표지 읽기부터 글쓰기를 하는 과정은 아이의 흥미를 잡고 오는 게 가장 중요합니다. 《만복이네 떡집》을 읽고 타블로 연극놀이를 했습니다. '타블로'란 개인 또는 모둠에 어떤 주제를 제시하고 그 주제에 맞게 하나 또는 두세 개의 정지 장면을 신체로 표현하는 것입니다. 아이들에게는 입체 사진을 만든다고 설명하면 이해가 쉽습니다.

사진처럼 사실적이고 구체적인 장면만 나타낼 필요는 없으며 모든 아이가 사람을 표현할 필요도 없습니다. 사물 또는 감정의 상태, 개념까지 나타내도 됩니다. 정지한 상태에서 교사 또는 관객이 손을 대거나 건드렸을 때 자신이 처한 상황에 맞는 대사를 하고 연결 동작으로 나타내면 됩니다.

먼저 무엇을 표현하고 싶은지 마음속으로 정하는 시간을 가지고 모두 일어나서 하나, 둘, 셋을 세고 함께 표현을 했습니다. 그리고 선생님이 다가가 '터치'를 하면 아이는 얼음 동작을 풀고 대사와 함께 행동을 이어나갑니다. 그 아이는 다른 아이에게 가서 '터치'를 하면 다른 아이가 얼음 동작을 풀고 대사를 하면서 반복하는 놀이입니다. 대사와 동작을 하면서 인물의 마음을 간접경험하며 실감 나게 표현하게 됩니다. 타블로 연극 놀이를 하는 동안 아이들은 참 즐거워합니다. 다양한 놀이를 통해 책의 인물에 더 몰입하고 그 몰입을 글쓰기로 표현해보면 좋습니다.

초등학생인데
서평 쓰기를 해야 할까요?

책에는 빈 공간이 많습니다. 단어 사이도 비어 있고, 줄과 줄 사이도 비어 있습니다. 책의 행간의 빈자리를 채우는 것은 독자의 몫입니다. 그래서 영상을 보는 것보다는 책을 읽는 것이 더 피곤하고 귀찮습니다. 독서가 책을 경험하고 즐기고 알아가는 것이라면, 서평은 내가 경험한 책을 이야기해주는 것입니다. 책에 대해 평가하는 글입니다. 책의 내용과 특징을 소개하거나 책의 가치를 평가하는 글이지요. 서평에는 소개하는 책에 대한 정보와 평가가 담겨 있습니다. 책을 읽고 자신의 과거 경험을 떠올리고 소감을 쓰며 내면화하는 과정이 '필자' 중심의 글쓰기라면, 서평은 '독자' 중심의 글쓰기입니다. 더 일반적이고 지적인 글입니다.

 사람들은 이 책을 읽을까 말까, 살까 말까 망설일 때 서평을 봅니다. 책과 저자에 대한 소개, 줄거리 등을 살펴봅니다. 그러니 서평을 쓸 때는 독자가 필요로 하는 정보를 제공해줄 수 있도록 글을 써야 합니다.

 서평 쓰기에는 필수적으로 포함해야 하는 요소들이 있습니다.

 첫째, 서지 사항을 써야 합니다. 주로 책의 맨 앞이나 맨 뒤에 있습니다. 출판사, 편집자, 저자, 제목, 연도, 원제 등에 관한 내용을 포함합니다.

 둘째, 책의 유형, 분야, 카테고리에 대해 알려주어야 합니다. 유형이나 장르를 알려주면 독자들의 머릿속 카테고리에 정보가 저장됩니다.

 셋째, 대략의 줄거리와 특징 및 주목할 부분을 알려줍니다. 줄거리만 제공하는 것이 아니라 주목할 부분과 나름의 해석을 보여줍니다.

 넷째, 책 전체의 의의나 평가 가치를 최종적으로 전달합니다. 이 책을 추천하고 싶으면 추천 대상, 추천 이유, 추천 여부를 알려주기도 합니다.

서평 쓰기를 위해서는 분석 독서가 필요합니다. 초등학생이 이렇게 어려워 보이는 서평 쓰기를 꼭 해야 할까요? 초등학생 아이들에게는 서평을 가르치지 않아도 됩니다. 하지만 서평 쓰기를 독서에 활용할 수는 있습니다.

서평을 쓰기 위해 작가를 소개하면서 작가의 다른 책을 찾아보는 용도로 확장할 수 있습니다.《만복이네 떡집》을 읽은 아이들이 자연스럽게 저자의 정보를 읽다가 후속작인《장군이네 떡집》,《소원 떡집》을 읽는 것처럼요. 또 서평 마지막 단계에 쓰는 책의 의의와 추천을 활용할 수 있습니다. 책을 읽고 이 책을 동생이나 친구에게 추천할까 또는 별점 몇 개 정도가 좋을까로 활용하면 좋습니다. 이것이 책에 대한 평가이고 판단입니다. 서평의 예비 작업이지요.

우리는 좋은 서평가가 되기 위해 이 방법을 활용하는 것이 아닙니다. 책을 좋아하고 살아가는 동안 독서를 활용하면 그만입니다. 서평은 본디 책 읽는 사람에게 도움이 되라고 만들어진 것입니다. 결국 좋은 독서를 하기 위해 만들어진 것이지요. 그러니 서평을 독서에 활용해보세요. 하지만 단순히 서평을 쓰는 것이 목적이 되어서는 안 됩니다. 서평을 통한 확장 독서, 연계 독서를 목표로 하면 좋습니다.

글쓰기에 두려움을 없애려면
어떻게 해야 할까요?

글은 쓸거리가 있으면 두렵지 않습니다. 쓸거리를 모아두면 글쓰기가 좀 더 쉬워집니다. 그럼 쓸거리는 어떻게 모아두어야 할까요? 책을 읽고 어떤 주제로 글쓰기를 이어나갈지는 아주 다양합니다. 책의 내용에 따라 특화된 글쓰기도 가능합니다. 《만복이네 떡집》을 읽고 난 뒤 만복이와 나의 공통점과 차이점을 찾아보기, 나만의 떡집 메뉴 찾기, 나만의 떡집 이야기 글쓰기를 할 수도 있습니다.

글쓰기는 내가 쓰지 않으면 한 줄도 나아가지 못합니다. 무엇보다 많이 쓰는 게 좋습니다. 글은 어느 정도 양이 늘어나야 그다음에 질을 논할 수 있습니다. 꾸준히 쓴다면 그것만으로도 좋습니다.

첫째, 책을 읽는 동안 '메모하기' 전략으로 쓸거리들을 모아두세요. 글쓰기가 두렵지 않습니다. 일단 마음에 드는 문장을 고르고 그대로 씁니다. 일단 한 문장이라도 쓰면 글을 시작한 것입니다. 첫 문장을 쓰는 게 어렵지 두세 문장으로 나아가기는 쉽습니다. 책 곳곳에 표시한 인상 깊은 구절과 생각은 글쓰기의 좋은 재료가 됩니다.

둘째, '요약하기'를 활용합니다. 저학년의 경우 그림책의 한 장면에 무슨 상황인지 적도록 했습니다. 이 사건의 연결이 요약하기입니다. 고학년의 경우 각 챕터마다 대여섯 줄 정도로 요약해놓고, 다시 챕터를 모아서 줄거리를 쓰게 합니다. 각 챕터 중 유난히 재미있었던 장면을 찾아서 그 장면에 대한 글만 쓰게 하는 것도 좋습니다. 그것만으로도 글쓰기에 대한 부담을 줄일 수 있습니다.

셋째, 생각 나누기 대화를 떠올려봅니다. 생각 질문, 라면 질문으로 생각을 나누어보세요. 이 생각들은 좋은 글을 쓰기 위한 재료가 됩니다. 서로 이야기를 나누면서 생각의 공통점, 유사점, 차이점, 특이점을 발견할 수 있습니다.

넷째, 책을 읽게 된 동기, 줄거리, 생각이나 느낌을 쓰게 합니다. 마음속 메시지를 전달하게 하는 것이지요. 보통 책을 읽고 글을 쓰면 형식에 맞추어 모든 내용을 다 넣어서 글을 쓰려고 합니다. 이렇게 형식만 중요하면 각각의 부분이 따로따로인 느낌이 듭니다. 형식에 맞추려니 글쓰기가 더 부담스럽습니다. 책을 읽었을 때 마음에 든 한 줄! 그것만으로도 충분합니다. 그 한 줄이 내가 이해한 것이고, 나의 문해력입니다. 줄거리는 그 한 줄을 찾기 위한 과정일 뿐입니다.

글쓰기에도
결정적인 시기가 있나요?

글쓰기는 문해력의 총체로 그 중요성이 부각되고 있습니다. 쓰기는 지식 전달 도구를 넘어 지식의 원천으로, 우리 사회의 언어와 생각을 다루는 자원으로 기능해왔기 때문입니다. SNS, 블로그 계정만 있으면 일상, 취미, 생각, 전문 분야까지 무엇이든 글로 표현하는 시대입니다. 글은 '퍼스널 브랜딩'을 위한 강력한 도구가 되었지요. 디지털 환경에서 글쓰기의 힘은 더욱 강력해졌습니다. 인공지능과는 차별화되는 능력 '생각하는 힘'이 경쟁력인 시대가 되었습니다. 글쓰기는 사람들에게 생각하는 법을 가르칩니다. 글을 쓰면서 아이디어를 체계화하고 개선하고 융합하고 변경시킬 수 있습니다. 글을 잘 쓸수록 생각을 잘하는 사람이 됩니다. 생각하는 힘을 키우고, 생각하는 힘의 산물이기도 한 글쓰기의 필요성은 점점 커지고 있습니다. MIT 미디어랩의 미첼 레스닉Mitchel Resnick 교수는 "아이들에게 코딩보다 글쓰기를 먼저 가르쳐야 한다"라고 강조했습니다.

국어뿐만 아니라 다른 교과 시간에도 교과 지식의 배움을 글로 써야 합니다. 이처럼 글쓰기는 교과를 넘나들며 필요합니다. 사회 시간이나 과학 시간에도 기사글, 캠페인 홍보물, 정보 요약글 등 다양한 글을 쓰게 됩니다. 하지만 교과 시간에 글을 쓸지언정 따로 글 쓰는 법을 가르쳐주지는 않습니다. 글쓰기 역량을 갖추고 있지 않다면 교과 시간마다 막연하겠지요. 스킬은 지식으로 배운다고 길러지는 것이 아닙니다. 충분한 독서량으로 글쓰기 지수를 올려야 합니다. 미래 사회에 꼭 필요한 역량이기 때문입니다.

학년별로 쓰기 발달 단계를 살펴보면 초등학교 1~2학년은 초기 쓰기 단계입니다. 반복된 문장 형태를 쓰고 자기중심적인 글을 씁니다. 1학년의 글에는 특별한 정보가 없지만, 2학년부터 정보가 나타나기 시작하고 점점 더 많아집니다. 초등학교 3~4학년은 발전하는 쓰기 단계입니다. 덜 자기중심적이고 독자에게 흥미

있고 유익한 글쓰기를 하려고 노력합니다. 글쓰기에 대한 수정 작업도 잘 받아들입니다. 초등학교 5~6학년은 능숙한 쓰기 단계입니다. 어떤 종류의 글을 생성해야 하는지 고려해 그에 적합한 문체를 사용할 수 있습니다. 또 글에 궁금증을 유지함으로써 독자를 고려하는 능력을 빠르게 발달시킬 수 있습니다.

쓰기 능력에는 글의 질뿐만 아니라, 표기 정확성과 쓰기 유창성이 모두 포함됩니다. 표기 정확성을 확보했다는 것은 맞춤법을 맞추고, 띄어쓰기 및 문장부호 등을 정확하게 사용해 의미를 이해할 수 있는 수준의 능력을 갖추는 것입니다. 쓰기 유창성은 글자, 단어, 문장 등이 양적으로 증가해 글을 쉽게 써 내려가는 것을 의미합니다.

쓰기 능력 발달 연구 논문에 의하면 쓰기 능력은 초등학교 1~2학년 사이에 큰 변화가 생기고, 6학년이 되면 3, 4, 5학년과의 발달 단계를 구분 짓는 분기점이 된다고 합니다. 또한 초등학교 4학년에 글쓰기 능력이 급격하게 발달하고, 이때를 기점으로 쓰기 능력 발달 단계가 위계화됩니다. 또한 글쓰기 유창성이 확보될 때 학생들의 쓰기 능력이 질적으로 향상을 보인다고 했습니다.

따라서 1학년 때, 글자 쓰기, 낱말 쓰기 지도를 집중적으로 해야 합니다. 3, 4, 5학년으로 갈수록 문장 쓰기, 문단 쓰기를 넘어 글 단위의 의미를 구성하도록 지도해야 합니다. 학년이 높아진다고 글쓰기 능력이 바로 생기는 것은 아니지요. 쓰기 근육을 미리 만들어놓아야 합니다.

쓰기 능력 발달에 영향을 미치는 요인은 읽기 능력과 전사 능력입니다. 읽기 능력과 쓰기 능력은 상관관계가 높습니다. 초등학교 1학년의 경우에는 읽기 능력이 쓰기 능력 발달에 미치는 영향력이 더욱 큽니다. 책 읽어주기에 더욱 힘을 쏟아야 할 때지요. 읽기는 쓰기에 영향을 미칩니다. 책 읽기를 싫어한다면 책 읽어주기만으로도 아이의 문해력을 향상시킬 수 있어요.

문해력은 하루아침에 드러나는 능력이 아닙니다. 지지부진해서 부족한지 향상되었는지 잘 드러나지도 않습니다. 그 결과가 눈에 보이지 않더라도 묵묵히 한다면 분명 처음과는 달라집니다. 언젠가는 부모와 읽었던 책을 다시 읽어보는 모습을 발견하게 됩니다. 헛되지 않았다는 증거지요. 분량이 많은 책을 건너뛰며 읽던 아이들도 부모와 함께 읽으며 통독했던 경험으로 혼자서도 통독할 수 있는 힘을 기릅니다. 이런 모습을 발견했다면 분명 잘되고 있는 것입니다. 하던 대로 꾸준히 하면 됩니다. 분명 함께했던 순간이 기쁨으로 돌아올 것입니다. 아이들의 발달 단계에 따르면 책과 멀어지는 시기도 분명 옵니다. 하지만 밑거름을 잘 쌓아두면 필요할 때 책을 다시 잡는 모습도 보게 되지요. 아이들은 시킨 대로, 뜻대로 된다고 좋은 게 아닙니다. 부모의 계획대로 책을 읽는 것보다 혼자 놀다가 스스로 책을 보는 게 더 소중합니다. 가장 개별적인 것, 자기만의 스토리가 길이 되는 시대입니다. 늦더라도 방황하더라도 자신의 역량이 될 수 있도록 하는 것이 중요합니다. 믿고 기다려주면서 용기를 불어넣어 주는 부모가 되면 좋겠습니다.

초등학교 저학년에
가장 중요한 것은 무엇인가요?

초등학교 저학년 시기에 가장 필요한 읽기 능력은 무엇일까요? 아이들의 읽기 발달 단계 특징을 알면 어느 정도 큰 그림을 그릴 수가 있습니다. 먼저 읽기 능력을 살펴보면 초등학교 1~2학년 시기는 문자 해독 능력을 발달시키는 시기입니다. 아이들이 가장 어려워하는 시기입니다. 문자소와 음소 간의 대응 규칙성을 발견하는 과정에서 많은 노력과 학습이 필요하기 때문입니다. 이전까지는 음성 언어를 중심으로 이해하는 시기였다면 초등학교 1~2학년부터는 문자 언어로 변환하는 능력이 필요합니다. 문자를 해독할 수 있는 능력을 갖추는 것이 중요하지요.

이 시기에는 많은 음성 언어에 노출되는 것이 중요합니다. 새로운 낱말에 접촉할 기회가 늘고 이는 향후 읽기 능력 발달에 많은 영향을 주기 때문입니다. 어떻게 하면 음성 언어 접촉을 늘려줄 수 있을까요?

가장 쉬운 방법으로 책 읽어주기가 있습니다. 흔히들 하고 있고, 잘 알고 있는 것이지요? 책 읽어주기의 목적을 잘 알고 책을 읽어준다면 긍정적인 효과는 높이고 부정적인 효과는 줄일 수 있을 것입니다. 가장 중요한 것은 아이가 직접 읽고 쓰고 싶은 마음이 들게 하는 것입니다.

항상 반듯하게 일기를 써오던 아이가 있었습니다. 내용이 정갈하고 틀린 글자도 없었으며 그림도 정성껏 그리던 아이였지요. 저는 '얼마나 많은 시간을 들여서 일기를 쓸까?' 하며 그 아이를 좀 더 관심 있게 보았습니다. 그러던 어느 날 그 아이는 쓰기 싫어서 억지로 쓴 일기 한 편을 들고 왔습니다. 눈물 자국으로 쭈글쭈글한 종이에 지우개로 지운 흔적들이 고스란히 남아 있는 일기였지요. 그 흔적들을 보며 '그렇게 일기가 쓰기 싫었나?' 생각했습니다. 한 학기가 지나고 난 후에야 알았습니다. 글씨가 엉망이거나 틀린 글자가 있으면 엄마가 아이에게 다시 쓰도록 했다는 것을요. 그래서 더 정갈하게 보였던 것입니다. 그 아이는 일기쓰기를 참 잘 했지만, 한편으로는 참 싫어했습니다.

무엇이든 습관이 되려면 좋아해야 합니다. 책 읽어주기도 마찬가지입니다. 내용을 듣고 싶게끔 만들어야 합니다. 책의 팁들은 수많은 수업을 통해 제가 직접 검증한 방법들입니다. 표지 읽기, 밀고 당기며 책 읽어주기를 활용해 아이의 흥미를 끌어보세요. 초등학교 저학년에는 책을 읽어주면서 많은 낱말에 노출될 기회를 자주 만들어주는 것이 가장 중요합니다.

초등학교 3학년이 된
아이의 읽기 지도는
다르게 해주어야 할까요?

초등학교 3학년쯤 되면 정도의 차이는 있겠지만, 대부분 한글을 떼고 책을 읽을 수 있습니다. 초등학교 입학을 앞두고 '한글을 떼야지' 걱정하던 부모님들도 한결 마음을 놓는 시기지요. 그럼 초등학교 3학년 아이들의 읽기는 어디쯤에 있을까요?

초등학교 아이들의 읽기는 책을 읽는 동안 심리적 수준에 따라 해독과 독해로 나눕니다. 해독은 문자로 된 기호를 소리 내어 읽는 능력을 말합니다. 문자 기호를 음성화하는 것입니다. 소리 내어 읽을 수는 있지만 아이가 문자의 뜻을 알 수도 있고 모를 수도 있습니다. 소리 내어 읽는다고 해서 뜻을 아는 것은 아니니까요. 예를 들어 주춧돌이라는 낱말을 읽고 머릿속에 주춧돌을 떠올릴 수 있는 아이가 있고, 그냥 소리 내어 읽기만 하는 아이가 있습니다. 이때 두 아이 모두 해독은 할 수 있는 것입니다. 해독은 읽기 능력에서 가장 기초가 되는 과정이지요.

반면 독해는 글의 의미를 파악하고 이해하는 능력을 말합니다. 글의 기호를 해독하고 의미를 파악하며 각 의미들을 연결하는 복잡한 심리적 이해 과정입니다. 각 문장을 이해하고 연결하여 글 전체를 이해하는 것입니다.

글을 읽는 것은 해독과 독해가 통합적으로 발생하는 활동입니다. 물론 독해가 자연스럽게 되는 아이도 있습니다. 유독 힘들어하는 아이도 있지요. 독해는 눈에 보이지 않기 때문에 지도하기가 더욱 어렵습니다. 보통 초등학교 2학년에서 3학년으로 넘어가는 시기에 책을 읽고 이해하는 차이가 두드러지기 시작합니다. 해독을 어려워하는 학생들은 당연히 독해의 어려움으로 이어지기 때문에 읽기의 방향성을 잡아줄 필요성이 있습니다.

어떻게 읽기 지도를 해주어야 할까요? 초등학교 3학년 아이에게는 읽기 유창성을 높일 수 있는 방향으로 지도해주어야 합니다. 읽기 유창성이란 말 그대로 글을 유창하게 읽는 능력입니다. 즉 글을 빠르고 정확하게 음률의 높낮이를 제대로 표현하며 읽는 능력입니다. 속도 면에서는 낱말, 문장, 글을 빨리 읽는 능력을 말하고, 정확성 면에서는 낱말, 문장, 문단을 정확한 발음으로 읽는 능력을 말합니다. 표현 면에서는 억양의 높낮이, 리듬과 강세, 억양과 어절을 끊어 읽거나 문장을 읽을 때 쉬어주는 읽기 유창성을 모두 포함합니다.

읽기 유창성이 왜 중요할까요? 아이가 이해하는 능력과 상관관계가 높기 때문입니다. 읽기 유창성이 높은 아이들은 읽은 것을 이해하는 능력이 높습니다. 읽기 유창성이 발달하면 작업 기억이 향상하고, 주의 집중의 소모가 줄어듭니다. 여유가 생기므로 남은 작업 기억 및 주의 집중을 글 이해에 사용할 수 있습니다.

읽기 유창성이 발달하지 않은 아동은 글에 나오는 낱말을 읽는 데 많은 작업 기억과 주의 집중 기능을 소모하므로 읽은 내용을 이해하는 데에는 그것들을 사용할 여지가 없게 됩니다. 내용을 이해하는 것에 어려움을 겪게 되지요.

그럼 초등학교 3학년의 읽기 유창성을 높이기 위해서는 어떻게 해야 할까요? 당연히 흥미를 잃지 않도록 책을 재미있게 접하도록 해야겠지요. 흥미가 있어야 반복적으로 책을 읽을 테니까요. 아이가 흥미를 갖고 반복해서 읽기에는 이야기책만한 것이 없습니다. 이야기책은 일단 읽기가 쉽습니다. 이야기는 몇 번을 들어도 다시 듣고 싶게끔 만드는 매력이 있습니다. 아이들은 이미 여러 번 읽어준 그림책을 다시 읽어달라고 또 가져옵니다. 좋아하는 그림책만 수십 번 읽은 아이도 있지요. 단순한 해독이 아니라 독해로 나아갈 수 있도록 아이에게 이야기책을 많이 읽어주고 질문을 던져보세요.

금방 다 읽었다는 우리 아이
어떻게 하면 좋을까요?

평소 운전을 할 때에도 우리는 목적지를 정하여 갑니다. 그렇다면 우리 아이가 하는 독서의 방향은 어디로 향해 가야 할까요? 독서의 궁극적인 목표는 '생각하는 힘'을 기르는 것입니다. 수업을 하다보면 아이들이 단순히 '읽었다'라는 행위 자체에 초점을 맞추어 "다 읽었어요!"라고 하며 후딱 끝내버리려는 경우가 허다합니다. 아직 생각하며 읽는 능력이 부족하기에 그럴 수 있습니다.

　글을 읽는 방법에는 여러 가지가 있습니다.

　첫째, 통독입니다. 통독이란 처음부터 끝까지 훑어 읽는 것입니다. 일정한 범위를 한쪽에서 시작하여 쭉 읽는 것이지요. 아이들에게 내용을 위주로 보게 하면 처음부터 끝까지 볼 수밖에 없습니다. 통독은 책 내용을 이해하기 위해 좋은 방법이지요.

둘째, 정독입니다. 뜻을 새겨가며 자세히 읽는 것을 정독이라고 합니다. 밑줄을 긋거나 메모를 하면서 중심 내용을 정리해나갈 수도 있습니다. 분석적 읽기, 비판적 읽기, 해석적 읽기 원리들이 모두 정독에 속합니다.

셋째, 발췌독입니다. 필요하거나 중요한 부분만 가려 뽑아서 읽는 것입니다. 독서 목적에 따라 필요한 부분만 선별하여 읽으므로 책의 내용을 모두 읽을 필요가 없습니다.

이야기책을 처음부터 끝까지 읽는 것은 통독에 해당합니다. 통독은 이야기의 전반적인 내용을 이해하기에 좋습니다. 책을 정말 빨리 읽어내는 아이들도 있습니다. 세부적인 사건보다는 큰 사건 위주로 읽었겠지요. 그건 다 읽었다고는 해도 '생각하는 힘'을 키우기에는 부족합니다. 만약 아이가 통독을 힘들어한다면 옆에서 읽어주는 것도 참 좋습니다. 그렇게 처음부터 끝까지 읽어내는 과정은 중요합니다. 그래야 분량을 조금씩 늘릴 수 있으니까요.

통독을 끝내면 다시 한 번 정독하며 읽습니다. 하지만 자세히 읽으라고 한다고 그렇게 되는 것은 아니지요. 이럴 때 '질문하며 읽기'를 적용합니다. '누가, 언제, 무엇을, 어디서, 왜, 어떻게'에 해당하는 것들을 질문으로 만들면서 읽도록 하는 것입니다. 책의 내용으로 질문을 만들어야 하기에 결국 책을 다시 읽을 수밖에 없습니다.

발췌독은 일부만 가려서 뽑아 읽는 것입니다. 아이들이 만드는 질문 중에는 책 속에 답이 있는 질문들도 있지만, 책 속에 답이 없는 질문들도 있습니다. 바로 가치와 판단에 관한 생각 질문들이지요. 그런 질문을 만들거나, 답을 하려면 해당하는 부분만 발췌해서 읽어보고 생각할 시간이 필요합니다. 사건과 주인공의 행동을 집중적으로 파헤쳐서 자신의 생각을 만들어내야 하지요. 이러한 과정 속에서 '생각하는 힘'이 길러지는 것입니다. 통독, 정독, 발췌독을 활용해보세요.

왜 우리 아이는
책에서 점점 멀어지나요?

아이가 어릴 때는 열심히 책을 읽어주면 듣기라도 했습니다. 부모님의 노력으로 어느 정도 책과 가까이 지내게 할 수 있는 시기이지요. 하지만, 아이가 커가면서 초등학교 고학년이 되면, 부모님의 노력과 열성으로도 어쩔 수 없는 때가 옵니다. 왜 아이가 점점 책에서 멀어질까요?

초등학교 고학년 시기는 자신의 정체성을 인식해나가고, 자아의식이 점점 강해지는 시기입니다. 자신의 삶에 대한 고민이 깊어지는 시기이기도 하지요. 이때 자신의 삶과 밀접한 연관이 있다고 느껴져야 지속적으로 책을 읽을 수가 있습니다. 아이는 책을 읽고 자신의 경험을 떠올립니다. 또 자신과는 다른 주인공의 가치관을 만나고 자신의 가치관과 비교해보지요. 자신의 삶과 책의 관련성을 느낀 아이는 변화합니다. 그리고 자신도 모르게 어떤 삶을 살아야 할 것인지 철학적 고민을 하게 됩니다. 이러한 철학적 고민은 성인 독자가 되어서 풍부한 독서로 이어집니다.

책은 삶과 연결되어 있다는 것을 아이가 느끼는 것이 중요합니다. 하지만 책이 학습 및 과제의 수단이 되어버리면 절대 그렇게 느낄 수 없습니다. 그럼 결국 아이들은 책을 읽지 않게 됩니다. 이것이 초등학교 고학년 시기부터 책을 잘 읽지 않게 되는 이유 중 하나입니다. 아동 발달적 측면에서 이 시기에 겪는 철학적 고민은 훗날 개인의 일생을 지탱하는 양분이 됩니다.

저는 3학년 아이들과 함께 이야기책을 읽기 전에 먼저 질문을 만들도록 했습니다. 그리고 그 질문에 맞춰 다음 읽을 책을 고를 수 있도록 도와주었습니다.

"부끄러움이 많은 주인공은 어떻게 친구를 만들었을까?"

이렇게 답한 아이는 그 궁금증이 생긴 이유를 이렇게 설명했습니다.

"저는 친구를 잘 못 사귀는데 이야기 속에서 주인공은 친구를 어떻게 사귀는지 궁금해서입니다."

이야기책과 자신의 문제를 연결한 예이지요. 아이는 그 다음에 읽을 책으로 《친구를 사귀고 싶어》를 골랐습니다. 이렇게 자신과 연관 있는 책을 읽게 되는 친구들은 행동과 신념에도 변화가 오고, 어떤 삶을 살아야 할 것인가에 대한 가치관도 정립할 수 있게 되는 것입니다. 그리고 지속적으로 책을 읽는 아이가 되지요.

"특이한 능력이 있는 친구들의 이야기는 어떤 것이 있을까?"

이렇게 말한 아이는 그 궁금증이 생긴 이유를 이렇게 말했습니다.

"나는 신비롭고 재미있는 이야기를 읽고 싶다."

삶의 문제와 연결되지는 않았지만, 자신의 취향을 반영한 예이지요. 자신과 연관 있는 책을 읽으면 더욱더 빠져들 것입니다.

삶과의 연관성을 높이기 위해서는 좋은 책을 선택하는 연습이 필요합니다. 유명한 책, 누가 추천하는 책만 읽는 수동적인 태도는 읽기 능력 향상에도 도움이 되지 않습니다. 책을 선택하고 실패하는 과정에서 자신이 좋아하고 관심 있는 것을 찾게 되고, 의미 있는 독서 경험을 할 수 있습니다.

무엇을 써야 할지
모르겠어요

초등 고학년은 높은 수준의 쓰기 능력을 발달시키는 최적의 시기입니다. '쓴다'라는 행위는 의사소통의 행위이지요. 독자가 자신의 글을 어떻게 받아들일지 고려하여 내용이나 표현을 선택하고 구성하는 행위입니다. 글을 쓰는 중에도 지속적으로 독자와 자신이 속한 담화 공동체에서 어떻게 받아들일지 고려하여 엄격히 평가하고 점검하는 것이 글쓰기입니다. 따라서 높은 수준의 쓰기란 읽는 이를 고려하여 쓰는 능력, 우수한 글에 대한 감상력과 비판력, 반성적 사고력을 필요로 합니다.

"무엇을 써야 할지 모르겠어요."

아이가 이런 말을 하면 같이 막연해집니다. 어떻게 해줘야 할까요? 예전에는 쓸거리를 못 찾는 거라 생각하여 소재를 대신 찾아주면서 해결하려고 하였습니다. 하지만 쓸거리를 찾아주는 것이 해결 방법은 아니더군요. 아이들은 왜 무엇을 써야 할지 모를까요? 아이디어를 연결하고 생각을 정리하는 것이 어렵기 때문입니다. 아이들이 겪은 경험이나 기억들은 이미지와 이야기 형태로 재생이 됩니다. 그러므로 이미지로 남은 기억을 언어 기호로 표현하는 과정에서 어려움을 겪습니다.

먼저 자신의 머릿속에 있는 다양한 아이디어들을 말로 표현하거나 그림으로 표현할 기회를 가짐으로써 생각을 정리하는 기회를 제공하는 것이 좋습니다. 이미지로 표현한 것을 문장 단위로 표현하게 하고, 말로 표현함으로써 생각을 정리하는 연습을 하게 됩니다.

그 후에 쓰기 시간을 가지는 것이 좋습니다. 이러한 문장들이 모이면 문단이 되고, 하나의 글이 완성되는 것이지요. 쓸거리를 줌으로써 막연하게 글을 써보라 하기 보다는 쓰기 과정에 동참하여 단계적으로 안내해주는 것이 필요하지요.

필사를 하는 것도 좋은 방법입니다. 좋은 글을 손으로 직접 따라 쓰다 보면 그것에 대해 생각해보기 때문입니다. 그림책, 동화, 시, 어린이 신문의 기사 등등 다양한 글을 일고 따라 쓰게 해보세요. 그러다 보면 아이가 스스로 쓰고 싶은 주제를 발견할 수 있을 것입니다.

아이들에게
꼭 가르쳐주고 싶은 건

2021년 8월은 저에게 혹독한 시기였습니다. 퇴원을 하시는 날 갑자기 돌아가신 어머니를 보내며 삶과 죽음에 대해 해결되지 않는 감정으로 뒤덮인 시기였지요. 삶이 무엇인지, 죽음이 무엇인지, 엄마로서 교사로서 하루하루 닥치는 일만 해냈습니다. 하지만 저를 둘러싼 틀이 서서히 깨지고 있음이 느껴졌습니다. 모두 그렇게 사니까 저도 그렇게 하루하루를 보내는 것이 보편타당하다고 생각했습니다. 제가 가지고 있던 틀 또한 어릴 적 가정에서부터 가진 틀이고, 그 틀 안에서 지금의 가정을 이루고 살아가고 있었던 거지요. 마땅히 해야 하는 역할의 틀 안에서 쳇바퀴를 굴리며 살았습니다. 그 틀을 주신 어머니께서 돌아가시고 나니, '딸로서', '교사로서'와 같은 '로서'에서 벗어나 껍데기 없이 서 있는 느낌이었습니다. 삶의 끝에 다다른 어머니를 보며, 우리네 인생 또한 끝을 향해 걸어가고 있음을 알 수 있었지요. 생의 끝을 미리 알았다면 어제를 그렇게 보내지 않았겠지요. 당연히 보내야 하는 하루 대신 언젠가는 끝을 향해 갈 삶을 위한 하루를 보내고 싶었습니다.

백지상태에서 자신을 다시 그려보았습니다. 주변의 기대에 맞추며 '해야 하는 나'에 집중하기보다 '오롯한 나'를 들여다보기 시작했습니다. 먼저 어루만져주기를 기다리는 제가 보이더라고요. 보살펴주기를 바라는 어린아이가 보이더라고요. 가만히 마음이 움직이는 대로 두었습니다. 얼마간 시간이 지나니 마음속에 저도 모를 감정이 글이 되기 시작했습니다. 내 속에서 나오는 글이 쌓여갈수록 힘이 생기고 있음이 느껴졌지요.

24년 동안 학교에서 국어 수업을 하면서 많은 차시 목표로 수업을 해왔습니다. 그러나 책 한 권을 쓰지 못하는 어른이 되었습니다. 이 나이에 이르러서야 '글'의 치유력을 느껴봅니다. 몇 편의 글이 쌓이면서 전자책도, 종이책도 출간하게 되었지요. 출간까지의 과정을 겪고 보니 아이들과 함께하는 수업과 별반 다르지 않음이 느껴졌습니다.

하루하루 보내는 것에 급급해 인생을 보냈을 경우와 끝을 생각하며 의미 있는 하루로 인생을 엮었을 경우, 갑작스러운 변화와 충격이 왔을 때 대처력이 크게 다릅니다. 그리고 나만의 인생 가치관도 생기지요. 아이들의 수업도 마찬가지입니다. 단편적인 지식을 습득하는 것이 아니라 수업이 맥락 있게 연결될 때 진정한 배움으로 남게 되지요. 아이들이 글을 읽고 생각을 정리하면서 글을 쓰면 세상을 살아가는 힘이 생기게 됩니다.

제가 느낀 통찰과 프로젝트 수업의 경험을 엮어서 아이들의 삶에 온전히 스며드는 독서교육의 방향을 제시하고자 합니다. 저에게 이런 출간의 기회를 열어준 청림Life 출판사에 감사의 말씀을 전합니다. 덕분에 저는 작가로서 최고의 기회를 누렸습니다. 온전히 저에게 집중하며 글을 쓸 수 있었으니까요.

또한 저에게 힘을 주고 제가 살아가는 이유를 알려주는 가족이 있기에 책을 쓸 수 있었습니다. 톨스토이의 《이반 일리치의 죽음》에 나오는 게라심처럼 힘든 시기에 위로가 무엇인지를 보여준 친구들, 언제든지 힘이 되어주겠다는 학교 선배님들과 함께하는 인생은, 어떤 인생을 살아야 하는지를 가르쳐주고 있는 듯합니다. 모두에게 고마움을 전합니다.

참고문헌

01 강진순, 〈문해력 향상을 위한 그림책놀이 프로그램 개발〉, 광주교육대
학교 대학원 석사학위 논문, 2021.

02 강창원, 〈공감 중심의 문학 감상 방법 연구〉, 한국교원대학교 교육대학
원 석사학위 논문, 2011.

03 계유경, 〈통찰력을 기르는 문학 수업 방안〉, 연세대학교 교육대학원 석
사학위 논문, 2020.

04 고미령, 〈온 작품 읽기 수업의 내실화를 위한 실행 연구〉, 청주교육대학
교 교육대학원 석사 학위 논문, 2022.

05 곽혜정, 〈동화 장르론에 관한 연구〉, 진주교육대학교 교육대학원 석사
학위 논문, 2009.

06 교육부, 〈초등학교 국어과 교사용 지도서〉, 2021.

07 김서영, 〈교육 과정과 연계한 책 놀이 프로그램이 초등학생의 독서 태도에 미치는 영향〉, 대구교육대학교 교육대학원 석사학위 논문, 2018.

08 김서현, 〈모둠 독서 활동에서 질문 생성 전략 수업의 효과 연구〉, 가톨릭대학교 교육대학원 석사 학위 논문, 2017.

09 김원태, 〈소설 독서 지도 연구: 초등학교 고학년을 대상으로〉, 목포대학교 교육대학원 석사학위 논문, 2007.

10 김종원,《문해력 공부》, 알에이치코리아, 2020.

11 김지영, 〈읽기 전략이 글 이해와 이해 판단 정확도에 미치는 영향〉, 성균관대학교 일반대학원 석사 학위 논문, 2013.

12 박지희,《초등국어수업》, 에듀니티, 2013, p107~114.

13 박호익, 〈통찰의 뇌과학적 이해와 교육적 시사점〉, 서울교육대학교 교육 전문대학원 석사학위 논문, 2021.

14 반정이, 〈천천히 깊게 읽기 지도 방안〉, 한국교원대학교 교육대학원 석사학위 논문, 2017.

15 설지연, 〈자전적 소설을 통한 정체성 형성 연구〉, 고려대학교 교육대학원 석사 학위 논문, 2014.

16 성영미, 〈초등 저학년 읽기 부진 문제 해결을 위한 초기 문해력 개별화 교육 실행 연구〉, 청주교육대학교 교육대학원 석사학위 논문, 2019.

17 송수정, 〈그림책을 활용한 온작품 읽기 프로그램을 통한 인성 역량 함양〉, 전북대학교 교육대학원 석사학위 논문, 2020.

18 신의경, 〈책 선택 전략을 활용한 독서 지도 방안 연구〉, 한국교원대학교 대학원 석사 학위 논문, 2018.

19   안동숙, 〈문학작품의 내면화 방법에 관한 교사의 교수 내용 지식〉, 아주 대학교 석사학위 논문, 2016.

20   오현숙, 〈한국 아동문학의 형성과 장르 분화: 동화와 아동소설을 중심으로〉, 서울대학교 대학원 박사학위 논문, 2016.

21   온정덕 · 변영임 · 안나 · 유수정 공저, 《교실 속으로 간 이해중심 교육과정》, 살림터, 2018, p108~109

22   유승아, 〈초등학교 1학년 학생의 쓰기 능력 발달에 관한 단기 종단 연구〉, 고려대학교 박사 학위 논문, 2019.

23   이남숙, 〈버츄 카드를 활용한 점토 미술 치료가 초등 돌봄 아동의 자기 표현 및 자아존중감에 미치는 효과〉, 광주여자대학교 석사학위 논문, 2018.

24   이성영, 〈글쓰기 능력 발달 단계 연구: 초등학생의 텍스트 구성 능력을 중심으로〉, 국어 국문 126, 국어국문학회, 2000, 27~50.

25   이수경, 〈전략 중심의 독서 지도가 초등학교 아동의 읽기 능력 향상에 미치는 영향〉, 경기대학교 문화예술대학원 석사학위 논문, 2010.

26   이케가야 유지 · 이토이 시게사토 지음, 박선무 · 고선윤 역, 《해마》, 은행나무, 2006, p166~172.

27   임수희, 〈자기 성찰적 글쓰기를 활용한 자아존중감 향상 프로그램의 효과〉 광주교육대학교 석사 학위 논문, 2018.

28   임지은, 《내 아이의 첫 미래 교육》, 미디어숲, 2021.

29   전국초등국어교과모임, 《이야기 넘치는 교실 온작품 읽기》, 북멘토, 2016, p12~15.

30 정유진, 〈독서치료의 문학 교육적 활용 방안 연구〉, 서강대학교 교육대학원 석사학위 논문, 2006.

31 정효진, 〈공감을 통한 서사문학 읽기 교육 연구〉 전북대학교 교육대학원 석사 학위 논문, 2012.

32 조병영, 《읽는 인간 리터러시를 경험하라》, 쌤앤파커스, 2021.

33 조혜수, 〈독자의 이야기 정체성 구성을 위한 읽기 지도 방법 연구〉, 서울교육대학교 교육전문대학원 석사학위 논문, 2021.

34 지수경, 〈읽기 능력 및 읽기 능력 인식에 따른 읽기 전략 사용 양상 분석 연구〉 연세대학교 교육대학원 석사 학위 논문, 2015.

35 최유경, 〈온 작품 읽기 독서 프로그램이 초등학생의 독서 태도 및 독서 동기에 미치는 효과〉, 부산교육대학교 교육대학원 석사학위 논문, 2019.

36 최자은, 〈읽기와 연계한 동화감상문 쓰기 교수 학습에 관한 연구: 구성주의 관점을 중심으로〉, 서울교육대학교 교육대학원 석사 학위 논문, 2000.

37 한미경, 〈질문생성전략이 읽기 능력에 미치는 효과 연구〉 대구교육대학교 교육대학원 석사 학위 논문, 2007.

38 한유림, 〈공감을 활용한 소설 감상 교육 연구〉, 전북대학교 교육대학원 석사학위 논문, 2019.

39 한윤희, 〈사실 동화와 판타지 동화에 대한 초등 고학년 독자의 선호도 연구〉, 고려대학교 교육대학원 석사학위 논문, 2020.

초3 문해력이
평생 공부습관 만든다

1판 1쇄 인쇄 2023년 1월 4일
1판 1쇄 발행 2023년 1월 14일

지은이 임영수
펴낸이 고병욱

기획편집실장 윤현주 **책임편집** 김지수
마케팅 이일권 김도연 김재욱 오정민 복다은
디자인 공희 진미나 백은주 **외서기획** 김혜은
제작 김기창 **관리** 주동은 **총무** 노재경 송민진

교정교열 김민영

펴낸곳 청림출판(주)
등록 제1989-000026호

본사 06048 서울시 강남구 도산대로 38길 11 청림출판(주) (논현동 63)
제2사옥 10881 경기도 파주시 회동길 173 청림아트스페이스 (문발동 518-6)
전화 02-546-4341 **팩스** 02-546-8053
홈페이지 www.chungrim.com **이메일** life@chungrim.com
블로그 blog.naver.com/chungrimlife **페이스북** www.facebook.com/chungrimlife

ⓒ 임영수, 2023

ISBN 979-11-979143-9-3 (13590)